Storytelling of Urban Trees

Storytelling of Urban Trees

도시나무 오디세이

홍태식 지음

글머리에

조경분야에 입문하여 일 한지 어느새 40여 년이 지났다. 현장경험을 바탕으로 정리한 생각을 책으로 내보고 싶은 욕심이 생겼다. 요즘같이 읽을 거리가 넘쳐나는 세상에 사족 같은 글을 보태는 게 아닐까 걱정되지만, 실제 조경현장에서 나무를 사서 심고, 관리하면서 느낀 생각을 기록했다. SNS에서 널리 읽히는 '송박사의 365일 꽃이야기'를 모티브로 하여 우리 생활공간에 심어놓은 나무를 계절별로 나눠 스토리텔링 했다.

조경(造景, landscape architecture)이란 '인문적, 과학적 지식을 응용하여 경관을 생태적, 기능적, 심미적으로 조성하기 위하여 계획 · 설계 · 시공 · 관리하는 것'이라고 정의되어있다. '생태적'이란 식물의 특성을 감안해야 한다는 것이고, '심미적'이란 디자인 감각이 필요하다는 것이다. '기능적'은 이용하기 편리하고 지속가능성이 높아야 한다는 의미이다. 흔히 삽질로 표현되는 시공분야에서 오래 일하다 보니 조경 현장의 작업여건과 제도에 대한 불합리를 겪을 수 밖에 없고, 하자보수를 하다보면 식물을 살리고 건강하게 잘 자라게 하는 것이 무척 힘들다는 것을 뼈저리게 느꼈다.

기후변화로 인하여 조경수의 성장이나 개화 시기의 변동이 심하여 기존의 수목학 이론으로 설명이 어려운 경우도 많이 생긴다. 자연 상태인 산림이나 농지에서 자라는 나무와는 달리

아파트, 도로변 및 도시공원 등에 심는 조경수는 생육 조건이 열악한 편이다. 외부에서 반입한 정체불명의 토양에 심을 수도 있고, 중 · 대형목을 주로 심는다. 공해 물질에 노출되어 있으며, 배수시설이 없는 경우가 많고, 사용자의 간섭이 심하고, 혹한기나 혹서기에 식재하는 경우도 많다. 이를 감안하여 우리 생활 주변에서 쉽게 볼 수 있는 조경수를 알기 쉽게 설명하고자 한다. 식재 결과를 오랜 시간이 지난 후의 상태를 관찰하여 설명하고 속담, 문학, 회화, 영화, 역사 등에서 감동받은 느낌으로 조경수의 역할을 설명하고자 한다.

대규모로 조림하는 나무나 특이한 수입식물은 제외하고 아파트나 공원에 경관조성을 위하여 심은 조경수를 대상으로 알고 있으면 좋을 내용을 기록했다. 조경 현장에서 일하는 기술자나 귀촌하여 정원을 가꾸고자 하는 은퇴자 모두에게 도움이 될 수 있기를 기대한다.

오랫동안 일하면서 조경수에 대하여 잘 안다고 자부했지만, 글을 쓰기 위하여 다양한 자료를 찾으면서 많은 것을 새로 배웠다. 졸저를 출판해 준 디자인포스트 대표님과 편집을 도와준 분들에게 감사드린다. 글쓰기에 재주가 없어 밤이 깊도록 쓰고 지우며 고민하는 어깨 뒤에서 격려해 준 가족에게 고마운 마음을 밝힌다.

2024년 4월

홍 태 식

목 차

Chapter 1.

春

Chapter 2.

夏

秋

Chapter 3.

冬

Chapter 4.

Spring

도시나무 오디세이

Storytelling of Urban Trees

Chapter 1. 봄

버드나무 군락(여의도 샛강)

버드나무

Salix koreensis (willow 柳)

봄바람은 가위와 같아 초록 버들잎을 오려 만든다

전 세계에 300여 종이 있고 우리나라에는 30여 종이 있다. 물을 좋아해서 물가에서 번성한다. 잔뿌리는 습지 주변의 토양침식을 막아주고 물속 미생물들이 살 수 있는 환경을 만들어 준다. 수질을 정화하는 능력이 매우 뛰어나 오래 전부터 우물가에 버드나무를 심었다. 성장 속도가 빠르지만 줄기가 잘 썩는 편이고, 뿌리가 얕아서 세찬 바람에 잘 넘어진다.

버드나무는 남녀간의 사랑의 도구로 쓰였다. 우물가에서 물을 천천히 마시라고 그릇에 버들잎을 띄우거나, 안타까운 이별을 할 때 잊지 말라고 건네주는 사랑의 정표가 그것이다. 또한 어머니의 사랑은 부드러운 버들가지처럼 자식에게 전해진다고 여겼다. 버드나무는 '도깨비나무'로 부르기도 했다. 습도가 높은 환경에서 살다보니 줄기가 잘 썩는다. 줄기에 생긴 커다란 구멍으로 곤충이 들어가서 죽게 되면 쌓이게 된다. 곤충 사체에는 빛을 내는 인 성분이 있어 비가 오거나 습도가 높은 날 밤중에 빛을 내뿜게 된다. 어둠속에서 빛이 날아다니는 것처럼 보여서 도깨비불이라 부르는데 요즘 같은 빛공해가 많은 시절에는 도깨비불은 더 이상 구경할 수 없게 되었다.

버드나무는 삽목이 잘되고 척박한 토양에서도 생육이 좋은 편이다. 씨앗은 솜털로 둘러쌓여 바람이 부는대로 여러 곳으로 퍼진다. 물가에 뿌리를 내려 특별히 가꾸지 않아도 잘 자란다. 주변에서 쉽게 구할 수 있고 각종 병을 치료하는 성분이 있어, 약재로 이용하면서 부활과 구원을 상징하는 나무로 대접받았다. 김홍도가 그린 남해관음도는 관음보살이 버드나무로 역병에 시달리는 중생을 구원하는 모습을 표현했다. 해열진통제인 아스피린 원료를 버드나무에서 채취한다.

버드나무 가지를 들고 있는
관음보살(김홍도)

220년 전 정조대왕의 명을 받아 정약용이 수원 화성에 지은 방화수류정은 군사시설이기도 하지만 꽃과 버드나무를 바라보는 정자로 주변 경관과 조화를 이루고 있다. 나중에 힘든 귀양살이 시절에도 정약용은 8가지 즐거움을 찾았다고 한다. 그 가운데 봄이 시작하면 꽃 찾기(訪花)와 버드나무길 따라 걷기(隨柳)를 꼽았다. 봄을 맞아 모든 나무들이 아직 새 잎을 내기 주저하고 있을 때, 버드나무는 추위를 뚫고 연두색 잎을 내비친다. 강인한 생명력을 보여주는 버드나무 새잎은 봄 색깔을 상징한다.

수원화성의 방화수류정과 버드나무

버드나무는 형제가 많다

버드나무는 전국에서 자라며 특히 냇가나 습지에서 자라고 중국 전역과 일본에 분포한다. 우리나라에서 흔히 볼 수 있는 버드나무류는 왕버들, 능수버들, 수양버들, 용버들, 선버들, 키버들, 갯버들 그리고 버드나무가 있다. 암수딴 나무니까 전부 16종류 버드나무가 우리 주변에 살고 있다. 암수 나무는 꽃이 필 때만 구분이 쉽고 꽃이 떨어지고 난 뒤에는 구별하기 어렵다. 뿌리는 물속에서 숨쉴 수 있도록 관다발조직이 발달 되었으며 수질정화 기능이 뛰어나다. 묵논 주변에는 어김없이 버드나무가 들어와 살고 있다. 물만 있으면 잘 자라고 초겨울까지도 잎이 파릇파릇하다. 가장 먼저 잎이 나고 가장 늦게 단풍이 든다. 봄날 산 속에 가장 먼저 연두색 잎을 내는 나무숲이 보인다면 그곳 토양은 물이 많은 토질이 틀림없다.

왕버들은 버드나무류 가운데 가장 크게 자란다. 다른 버드나무와 잎이 확연히 다르고 덩치도 커서 쉽게 알아 볼 수 있다. 심지어 깊은 저수지 한가운데에서도 잘 자란다. 사진 촬영지로도 널리 알려진 경북 청송의 주산지에는 오랫동안 저수지 물 속에서 커다랗게 자란 왕버들이 여러 그루 있다. 주산지에서는 1년에 한번 물을 빼준다. 그 때 뿌리 호흡을 하여 지금껏 살아남을 수 있다고 한다. 단단한 줄기로 버드나무 가운데 가장 오래 산다. 가지가 하늘로 뻗고 사방으로 넓게 퍼져 그늘을 크게 만들어 정자나무 역할을 할 수 있다.

왕버들(보라매공원)

선(erect)버들은 부러진 가지를 꽂아 두어도 바로 서서 자란다. 우포늪 물가에 많이 살고 있다. 물 흐름이 느린 습지나 모래나 진흙이 많이 섞인 토양에 분포되어 있다. 물의 흐름이 정상적으로 이뤄지는 곳에서는 선버들 군락이 생기고 없어지는 것을 반복하지만 수중보나 댐을 설치한 정체수역에서는 반드시 적절한 관리를 하는 것이 좋다.

가지가 아래로 처지는 특징을 가진 능수버들과 수양버들(실버들)은 구분하기 어렵다. 이른 봄날 1년생 어린가지 색깔로 구분할 수 있는데 능수버들은 황록색, 수양버들은 적자색으로 보인다. 능수버들은 수양버들에 비해 꽃차례가 짧고, 가지가 더 아래로 늘어져서 땅에 붙을 듯이 길게 처진다.

능수버들　　　　수양버들

예전에는 가로수로 식재하였으나 강풍에 쉽게 뿌리채 뽑혀 도로교통에 문제를 일으켜 지금은 심지 않는다. 한반도에서는 가지가 아래로 늘어지는 버드나무는 거의 능수버들로 볼 수 있다. 수양버들은 우리 주변에서 보기 어렵다. 원산지가 중국 양자강 하류인데 수나라의 양제는 양자강에 대운하를 만들면서 많이 심었다고 한다. 능수버들이나 수양버들 둘 다 대기오염물질을 흡착하면서 대기정화능력 또한 아주 높은 나무이니 도심 녹지에 식재하면 아주 좋다.

버드나무는 새로 난 가지 말고는 늘어지지 않는다. 용버들은 가지가 구불거리며 성장한다. 가지 모습이 워낙 특이 해서 쉽게 구분할 수 있다. 키가 3m 내외로 낮게 자라는 갯버들과 키버들이 있다. 흔히 버들강아지로 부르는 갯버들은 하천가에서 가장 먼저 핀다. 키버들은 잎이 마주나기 때문에 어긋나기를 하는 갯버들과 구분할 수 있다. 아는 만큼 보인다고 신록으로 물드는 봄날에 다양한 버드나무 종류를 암수나무와 암꽃, 수꽃까지 구분해보는 지적 탐구를 해보는 것도 좋을 듯 하다.

버드나무는 억울하다

지구온난화로 인한 기후변화 현상에 식물도 살아남기 위한 노력을 한다. 가만히 한 자리에 뿌리 내리고 있지 않는다는 연구결과가 있다. 식물이 생장에 필요한 기후 환경을 스스로 찾는다는 것이다. 그러나 버드나무 같이 씨앗이 가벼운 식물종은 멀리 퍼져나가기 쉬운 만큼 자생지가 다양하다. 씨앗이 크고 무거워 멀리 퍼져 나가기 불리한 식물종은 기존에 뿌리내린 자리에서 기후변화에 적응하는 성향이 더 강했다.

꽃가루 알러지로 고생하는 도시민은 버드나무 종모(씨앗을 덮은 솜)를 잘못 알고 있는 경우가 많다. 5월경 눈처럼 날리는 솜뭉치는 꽃가루가 아니라 씨앗을 품고 날아다니는 것이다. 종모는 꽃가루로 오인받아 알러지로 고생하는 사람들에게 미움을 받는다. 당연히 알러지 물질도 아닌데 꽃가루로 잘 못 알려져 도시에서 퇴출되었다. 빗발치는 민원에 잘 살고 있는 버드나무는 잘려 버려졌다. 요사이는 더 나아가 암나무가 아닌 수나무만 심으라고 요구한다. 수꽃에 꽃가루가 훨씬 더 많은데도 불구하고. 인간의 편리만을 추구하는 것은 자연생태에 대한 무모한 도전이다.

버드나무 종모

하천 주인은 물고기와 버드나무이다

10여년 전부터 생태복원 사업이 본격적으로 확대 되면서 습지 조성시 버드나무류를 많이 심고 있다. 수질 개선이나 어류 먹이 제공에 버드나무같이 좋은 나무는 없기 때문이다. 더구나 하천이나 습지 주변에 버드나무 말고 심을 나무가 없다. 습지에 잘 사는 참느릅나무가 있긴 하지만 별 다른 역할을 하지

삼색버들(하쿠로니시키)

홍수로 넘어진 버드나무(양재천)

않는 편이다. 그러나 도시하천이나 공원을 이용하는 주민들은 입을 모아 꽃가루 공해를 말하며 버드나무류는 심지 말고 꽃 피우고 수형 좋은 나무를 심어 달라고 요구한다. 이미 군락을 이루고 있는 버드나무를 뿌리채 제거해 달라고 민원을 제기한다. 버드나무 대신 삼색버들(개키버들, 하쿠로니시키)이 알록달록한 잎색깔을 내세워 정원과 공원에 심겨지고 있다. 자연생태보다는 눈호강이 더욱 중요한 가치가 되어가고 있다.

버드나무는 별도로 재배하지 않아도 경작하지 않는 농토에 저절로 자란다. 최근 큰 버드나무 수요가 많아지자 강전정해서 조경농장으로 이식하는 경우가 많다. 속성수답게 이식은 잘 되는 편이다.

인간은 자연환경과의 오랜 상호작용을 통하여 '전통 생태지식' 을 만들어 왔다. 이것은 일상생활 속에서 생물과 물리적 환경의 관계에 대한 경험을 통해 얻은 지식의 총합이다. 식물과 동물의 이름, 지역에 전해오는 이야기, 속담, 은유 등으로 남아 현재까지 전해졌다. 특정 종의 속성, 동물들의 이주 양식, 생물들과 미기후와의 관계 등 다양한 내용이 포함된다. 재생과 치유를 상징하는 버드나무는 이러한 전통생태지식의 대표적 나무이다. 제대로 알고 잘 가꿔야 한다.

매실나무

Prunus mume
(Japanese apricot tree 梅花)

"겨울에 피어나 진한 향기로 사람을 감싸고 뼛속까지 스며든다"

(홍만선의 산림경제)

설중매 ©pixabay

봄을 알리는 입춘 절기에 가장 많이 화제가 되는 나무이다. 매서운 찬바람 속에서 꽃잎을 피우는 매화는 옛날부터 많은 이들에게서 사랑을 받아온 꽃나무다. 매화는 조선시대 문인화에서 자주 등장한다. 문인화란 그림을 전문적으로 그리는 화공이 아닌 선비나 사대부들이 자신들의 속마음을 그린 그림을 말한다. 그림 소재로 매난국죽(梅蘭菊竹-매화, 난초, 국화, 대나무)을 '사군자(四君子)'로 부르며 선비정신과 같은 고상함으로 여겼다. 매화는 사군자중 으뜸으로 여겼다. 대한 절기를 앞뒤로 혹독한 겨울 추위에 이르러 비로소 진정한 벗이라고 여긴 나무를 세한삼우(歲寒三友)라고 한다. 소나무와 대나무와 더불어 한 자리를 차지하면서 매화는 조선사회를 대표하는 선비들의 문화 아이콘이었다.

매화서옥도(조희룡)
©간송미술관

퇴계 이황의 매화 사랑은 유명하다. 매화를 노래한 시를 모아 '매화시첩'을 만들어 후세에 남겼다. 퇴계는 시에서 매화를 평생을 같이 하는 친구나 형제 또

봉은사 홍매화 ©김지은

는 신선으로 묘사했다. 운명하기 전에 자신의 임종 모습을 아끼던 매화 분재에게 보이기 싫어 치우라고 하고, 돌아가시기 직전에 "매화 분재에 물을 주라"는 유언을 남겼다. 조선시대 문인화의 최고봉으로 평가받는 조희룡은 추사 김정희에게서 서화를 배우며 교류했다. 특히 신안 임자도에 유배되어 외롭고 곤궁한 처지에서 예술세계가 더욱 성숙되는 계기가 되었으며 매화 그림을 많이 남겼다. 세상으로부터 소외된 선비의 처지나 정서를 매화로 표현하여 후대에 남겨 불멸의 이름을 남기고 있다.

매화는 얼어붙은 땅과 눈을 두려워하지 않고 향기로운 꽃을 피운다. 모든 꽃이 피기도 전에 가장 먼저 피어나서 봄소식을 알려 준다. 또한 몇 백년 동안 살아 있는 고목 가운데 매화나무가 가장 많을 정도로 끈질긴 생명력을 보여준다. 이 땅의 사람들은 매화를 보면서 자연의 이치와 부활을 눈 앞에서 보고 느꼈을 것이다. 일제 강점기 암울했던 시절 민족시인 이육사는 「광야」에서 '지금 눈 내리고 매화 향기 홀로 아득하니 내 여기 가난한 노래의 시를 뿌려라'라고 노래했다. 엄동설한에서도 굳세게 피어나는 매화꽃 향기는 꺾이지 않는 마음과 조국 광복에 대한 희망이 담겨져 있다.

매화 개화모습 만첩홍매화 ©pixabay

매화는 오랜 시간동안 문인들에게 사랑받아 다양한 이름으로 불린다. 개화시기에 따라 조매, 동매, 설중매로 나눈다. 매화꽃을 구분하는 기준은 꽃잎과 꽃받침의 색상이다. 꽃잎 색깔에 따라 백매, 홍매, 청매 등으로 불린다.

보통 꽃잎은 5~7장인데 겹으로 나면 만첩 매화라고 하고, 가지가 울퉁불퉁하여 용처럼 보이는 운용매화, 아래로 늘어진 능수매화 등 별칭이 많다. 납매, 장수매, 풀또기, 황매화 등은 매화 종류가 아니지만 매화로 알고 있는 애호가가 많다. 유명한 매화로 강릉 오죽헌 '율곡매', 순천시 선암사의 '선암매', 산청의 산천재 '남명매', 구례 화엄사의 '화엄매', 장성 백양사 '고불매' 등이 있다.

운용매 ©pixabay

백성에게는 꽃보다 열매

꽃을 말할 때는 매화, 열매를 얻을 땐 매실이라고 부른다. 조선시대 선비들이 문인화와 분재를 가꾸며 매화를 즐길 때, 일반 백성은 가정상비약으로 매실에 의존했다. 한의서인 동의보감에서는 기침을 멈추게 하고, 지혈, 염증 제거, 소화액 분비 촉진, 술독 해소, 간 보호, 회충으로 인한 구토와 복통 해소, 설사 중지 등 매실이 여러 가지 효과를 지닌 것으로 나와 있다. 병을 치료하는 의약품 체계가 제대로 갖춰지지 않은 때라서, 매실은 만병통치약이나 다름없었다. 매실로 매실주를 담그고, 매화꽃을 말려 향기가 좋은 매화차로 마셨다. 요즘에는 매실을 가공하여 피로회복제, 피부미용제품 그리고 항암보조제 등 건강식품으로 제조하고 있다. 일본에서는 매실을 단순히 염도 높은 소금물에 절여서 만든 우메보시가 있다. 이런 방법으로 매실에 있는 살균력을 효과적으로 오래 저장할 수 있었다. 여름철 덥고 습한 기후에서는 음식이 쉽게 상할 수도 있다. 혹시 상한 음식을 먹고난 뒤 배탈이나 식중독을 방지하려는 지혜의 산물인 것이다. 요즘도 일식 요리점에서 회를 먹은 다음 매실차를 후식으로 권하는 이유이다.

청매실

노랗게 익은 매실

매실나무 꽃은 같은 장미과의 살구나무와 구별하기 어렵지만, 꽃이 핀 후 꽃받침이 뒤로 젖혀져 있으면 살구꽃이고 꽃에 붙어 있으면 매화로 구별할 수 있다. 열매가 익으면 살구는 씨앗과 과육이 쉽게 떨어지고 매실은 씨와 과육이 잘 떨어지지 않는다. 완전히 익지 않은 매실은 먹으면 독성으로 배탈이 날 수 있으니 조심해야한다. 품종에 따라 매실 크기와 수확량이 차이가 크므로 매실농사를 지으려면 전문가의 도움을 받아야 한다.

매실과 살구

부지런한 농부의 과수원에 벌나비가 찾아온다

산이나 들에서 사람의 관리가 없어도 저절로 과실을 맺는 나무들을 유실수라고 한다. 유실수 가운데 먹을 수 있고 집약적으로 재배되는 나무를 과수라고 분류한다. 매실나무는 대표적인 과수이다. 수확량을 높이기 위하여 정교한 과수재배 기술이 필요하다. 다양한 품종을 심어야 매실이 열리게 된다.

1년 전에 자란 짧은 가지에서 열매가 많이 달리고, 그 해에 나온 가지에는 꽃이나 열매가 거의 달리지 않는다. 매실을 크게 키우려면 가지 끝의 1/3이나 1/4 되는 곳을 잘라내고 잔가지가 많도록 전지해야 한다.

매실을 수확하기 위해 키우는 매실나무는 수확하기 쉽게 낮게 키우고, 조경수로 키울 경우 외대로 크게 키워야 수형이 좋다. 천근성이라 뿌리가 땅속 깊이 뻗지 않기 때문에 가뭄 피해가 발생할 수 있으니 관수에 주의해야 한다. 꽃의 최저 한계온도는 -8℃, 어린 과실은 -4℃에서 견딜 수 있을 정도로 내한성이 있다. 이처럼 추위에 강해 우리나라 어디에서나 키울 수있지만 남해안 지역이 매실 수확에 유리하다.

이른 봄날 남녘땅 매화나무 과수원은 겨우내 봄꽃을 기다린 사람들에게 커다란 구경거리를 마련한다. 제주 서귀포의 '새봄맞이 휴애리매화축제'를 시작으로 광양 매화축제에서 절정을 맞이한다. 멀리 봄나들이 가기 어려운 도시민을 위하여 서울 청계천 하류에는 경남 하동에서 옮겨심은 매화나무 숲이 조성되어 있다. 하동 매화마을에 비할 수는 없지만 청계천변 양지바른 곳에서 풍성한 매화꽃을 피우고 그윽한 향기를 자랑한다. 고향에서 본 매화꽃을 그리워하며 살아가는 도시민에게는 커다란 위안을 준다.

광양매화축제 ©광양시청

청계천 하동매실거리

오래된 친구

예로부터 우리나라는 겨울철의 매서운 추위에 얼어 죽지 않으려면 집터를 잘 잡아야 했다. 차가운 북풍을 피하려면 북쪽에 언덕이 있는 게 필수조건이었다. 양지바른 곳에 집을 지어야 각종 풍수해에서 벗어 날 수 있다고 믿었다. 지형조건이 부족하면 나무를 심어 보완했다. 오랜 경험을 바탕으로 방위별로 심어야 하는 나무를 찾아냈다. 산림경제에 따르면 주택에 있어서, 왼쪽에 흐르는 물과 오른편에 긴 길과 앞에 못, 뒤에 언덕이 없는 경우에 동쪽에는 복숭아나무와 버드나무를 심고, 남쪽에는 매화와 대

화엄사 홍매화 ©pixabay

추나무를 심으며, 서쪽에는 치자와 느릅나무를 심고, 북쪽에는 벚나무와 살구나무를 심으면 나쁜 기운을 막을 수 있다고 했다. 수양버들, 능수버들 같은 것은 귀신들이 좋아하는 나무들이고 가시가 나 있는 엄나무, 무환자나무들은 귀신들이 매우 싫어 한다고 경계했다. 아파트에서는 아무런 의미가 없지만 전원주택인 경우 옛 풍습을 따라 심어봄 직 하다.

고약병　　　　매화 모아심기 ©윤병렬

예전부터 수많은 나무 가운데 생활공간 주변에 심어서 친근하게 사랑을 받아온 나무들이 있다. 그림이나 글 속에서 등장하고 생활문화 속 가구, 음식, 그리고 디자인 요소로 사람들과 가까이서 살아 숨쉬고 있다. 대나무, 소나무, 석류나무, 동백, 산수유 그리고 매화나무가 그런 나무들이다.

장미과 과일나무(앵두나무, 살구나무, 복숭아나무, 배나무)와 같이 매화나무는 꽃은 화려하고 열매는 풍성하지만 나무 수형은 엉성하고 소박한 편이다. 3주 이상 모아심기를 하는 게 좋다. 이식은 쉽지만 과실수라 병충해가 많이 생겨 관리하기 어렵다.

살구나무

Prunus armeniaca (apricot tree 杏)

나의 살던 고향은 꽃피는 산골

살구나무는 중국이 원산지인데, 우리나라에 들어온 시기는 아주 오래전 삼국시대 이전으로 짐작된다. 살구는 매실, 자두와 함께 우리 조상이 즐겨 먹던 과실이다. 일반 백성의 생활상을 그린 풍속화를 보면 초가집 뒤편에 살구나무 한 그루가 연분홍 꽃을 매달고 서 있다.

봄꽃이 가득한 농촌

매화가 선비들의 애정을 듬뿍 받는 나무라면, 살구나무는 소박하게 살아가는 서민들과 함께 한 나무다. 이른 봄에는 화사한 꽃으로 마을을 꽃 대궐로 꾸며주고, 보릿고개를 넘어가는 초여름에 맛있는 열매가 잔뜩 열리는 고마운 나무였다. 열매가 많이 달리는 해에는 병충해 피해가 없어 풍년이 든다고도 전해졌다.

동요 가사에도 나오듯 '고향의 봄' 하면 '살구꽃'이 추억 속에서 떠오른다. 시골이 고향인 사람에게는 저마다 살구꽃이 피어난 마을 정경이 되살아나고, 골목길마다 기억나는 에피소드가 떠오를 것이다. 살구나무는 추위에 강해 북쪽 지방을 포함한 우리나라 모든 지역에서 재배할 수 있는 과실나무 중 하나이다. 살구나무가 고향을 상징하는 나무로 떠오르는 데는 어디서나 볼 수 있어서 많은 이들의 공감을 샀기 때문이다. 자라는 지역 풍토에 따라 맛이 다양한 토종 살구나무들이 자라났다. 살구는 매화보다 열흘 늦게 꽃이 핀다. 두 꽃이 비슷한데 쉽게 구별하는 방법으로 매화 어린 가지는 녹색, 살구는 붉은

살구나무 가로수(청주 가경천)

색을 띄며, 꽃받침은 매화는 꽃잎에 달라붙고, 살구는 뒤로 뒤집어진다. 매화는 충성과 정절을 나타내는 남성적인 꽃이며, 살구꽃은 여인의 아름다움을 상징한다고 한다. 살구꽃은 매화와 매우 비슷해서 멀리서 보면 구분하기 어렵다. 꽃이 만개하면 살구꽃이 매화꽃보다 훨씬 많이 피고 예쁘다. 다만 매화꽃이 약간 더 먼저 피고 진한 꽃향기가 난다.

살구 꽃받침은 뒤집어 진다　　매화 꽃받침은 꽃잎을 받치고 있다

행(杏), 살구인가 은행인가

중국 산둥성 공부(孔府)에는 공자가 제자들에게 글을 가르치던 곳인 행단(杏壇)이 있다. 글자 그대로 행(杏)은 살구를 뜻하니 처음에는 살구나무가 행단에 심겨져 있었을 것이다. 수 백년이 흘러 살구나무는 죽어 없어지고, 오래 사는 나무인 회화나무와 은행나무가 살아 남아 있게 되었다. 나중에 조선시대 유학자들이 중국 행단에서 본 것은 살구나무가 아닌 은행나무와 회화나무였으니 행단의 행(杏)을 은행나무로 해석했을 것이다. 요즘 오래된 서원이나 향교 명륜당 근처에 은행나무와 학자를 상징하는 회화

공자 행단

나무가 서 있는 까닭이다. 한때 행단의 나무가 살구나무냐 은행나무냐 하는 논쟁이 있었다. 그러나 공자가 활동하던 시기에는 은행나무가 중국 남부지방에서만 살았다는 것이 밝혀지며 살구나무가 맞다는 의견이 다수가 되었다.

우리 속담에 '병 주고 약 준다'가 있다. 이는 술집을 살구꽃이 핀 마을인 행화촌이라 부르고, 살구씨로 술로 인한 병을 치료한다고 해서 나온 말이라고 한다. 살구가 오랫동안 사람과 함께 살아온 것은 척박한 환경에서도 잘 자라나는 강한 적응력과 유용함 때문이다. '살구나무가 많은 마을에는 전염병이 못 들어온다.'라는 말이 전해질 정도로 만병통치약 역할을 했다고 한다. 「본초강목」에는 살구씨를 이용한 치료방법이 2백여 가지나 쓰여 있고 「동의보감」에도 살구와 살구씨의 효능과 먹는 방법이 자세히 소개되어 있다. 동양권에서는 이렇게 일찍부터 살구씨를 '행인(杏仁)이라 하여 약재로 널리 써왔다. 후세에 서양 의학에서 분석한 결과 살구에는 필수 아미노산이 풍부하게 들어있고 비타민을 비롯한 다양한 성분이 동맥경화증을 예방하고 항암 작용에 도움을 준다고 한다.

살구나무 목재는 특별한 쓰임새가 있었다. 살구나무는 봄을 알리는 꽃과 과일만으로도 충분히 사랑받았지만, 살구나무 고목으로 만든 목탁이라야 제대로 된 맑고 청아한 소리를 얻을 수 있다고 한다. 특별히 가꾸거나 관리하지 않아도 우리나라 토양과 기후에 맞춰 알아서 잘 크는 나무는 흔치 않은데 살구나무가 바로 그런 나무이다.

꽃보다 열매

우리 속담에 '빛 좋은 개살구'라는 말이 있다. '겉만 그럴듯하고 실속이 없다' 라는 의미로 쓰곤 한다. 살구에 '개'라는 접두어를 붙인 것은 열매가 얼마나 단맛이 강한지에 따른 판단이다. 오늘날에는 강한 단맛이 좋은 것만은 아니다. 개살구나무는 우리나라 원산 품종이라 전국 어디에서나 볼 수 있다. 살구보다 알이 작지만 붉은 빛이 돌아 훨씬 먹음직스럽게 보인다. 그러나 먹어보면 너무 시거나 때로는 쓴맛이 나기도 한다. 열매는 작고 먹기 거북해 중국에서 들어온 당도가 높은 살구에 밀려나 '개살구' 신세가 됐다. 요즘은 마을

살구 개살구

에서 찾기 어렵고 깊은 산에서나 볼 수 있다.

꽃자루가 짧아서 꽃송이 하나하나가 가지에 바짝 붙어서 피면 살구꽃이고, 꽃자루가 서너 배는 길어서 가지와 거리를 두고 피면 개살구꽃인 것이다. 살구에 비하여 나무껍질이 코르크층이 발달하고 훨씬 크게 자란다. 개살구 꽃송이가 모여 핀 모습이 살구나무보다 훨씬 더 풍성한 모습을 자랑한다.

살구나무(덕수궁)

서울에는 오래 살고 있는 살구나무가 상당수 있다. 덕수궁 석어당 옆과 창덕궁 곳곳에 있다. 개발지구로 지정된 곳에 있던 살구나무 보호수는 아파트 설계시 존치하도록 하여 높은 건축물 사이에서 살아 남긴 했는데 주변 환경이 급격하게 바뀌어 앞으로 잘 살아갈지 걱정 된다. 각종 제도로 노거수를 살리고자 노력하고 있지만 자본주의 속성 앞에서 나이 든 노목은 그저 걸리적 거리는 존재로 남겨지는 게 아닌가 걱정된다.

넓은 벌 동쪽 끝으로

살구나무는 내습성이 약하므로 지하수위가 높거나 배수가 불량한 토양에서는 고사 또는 생육이 불량해진다. 병충해에 비교적 강한 편이라서 관리하지 않아도 많은 열매를 수확할 수 있다. 적당한 전정을 하는 관리가 필요하지만 매실이나 자두에 비해서 손이 덜 간다. 뿌리가 얕게 뻗는 천근성 과수로 배수가 좋은 토양에 심는 게 좋다. 내한성과 내염성, 내공해성은 강하나 내음성과 내건성은 약하다. 살구는 수형이 뛰어나지 않기 때문에 여러 그루를 모아 심는 방식이 좋다.

오래전부터 좋은 조경수를 꼽을 때 수형이 좋은 나무들을 선택하다가 20여 년 전부터 화려한 꽃이 피는 수종으로 바뀌었다. 지금은 자연미를 선호하여 수종과 관계없이 예전부터 우리 주변에 살고 있는 나무를 식재하고 있다. 살구나무나 조팝나무같이 어릴 적 고향마을에서 쉽게 볼 수 있던 나무야말로 도시민을 위로할 수 있는 스토리텔링이 가능한 수종이다. 살구나무가 가진 상징성을 되살리고 유용함을 되찾아 고향마을의 풍경을 도시지역에 재현하는 움직임이 일어나면 좋겠다. 살구나무는 우리 곁에서 고향을 떠올리게 하는 소중한 나무이다.

산수유

Cornus officinalis
(Japanese Cornel 山茱萸)

갈잎 엑스트라를 배경으로 둔 주인공

원산지인 중국에서 도입되어 전국에서 살고 있다. 하루가 다르게 기온이 올라가는 3월 중순에 나뭇가지를 뒤덮으며 노란색 꽃을 피운다. 특히 도시지역에서는 다른 나무들보다 먼저 꽃을 피워서 봄 꽃을 상징하게 되었다. 꽃은 잎이 나기 전에 피어 보름 동안 계속되며 가을에 진한 주홍색으로 익는 열매가 겨울 내내 매달려 있는 특징을 가지고 있다.

산수유 꽃은 짧은 가지 끝에 우산모양으로 20~30개의 노란색 꽃이 둥글게 모여있다. 이런 형태를 '산형화서'라고 하는데 우산살처럼 짧은 꽃자루들이 한 곳에서 많은 수로 퍼져 나가는 형태의 꽃차례를 말한다. 작은 꽃이 모여 우산을 펼친 것과 비슷한 모양이다.

잎이 나오기 전에 피는 산수유(양재시민의 숲)

산수유 ©김지은 (이천 산수유마을)

층층나무속(*Cornus*)으로 산딸나무, 층층나무, 흰말채나무와 잎이 비슷하다. 속명 코르누스(*Cornus*)는 '뿔'이라는 뜻이며, 나무의 재질이 무겁고 단단하다는 뜻이다. 자세히 보면 꽃이 피기 전의 꽃봉오리 모습이 뿔 모양을 가지고 있다.

종명 오피시날리스(*officinalis*)는 '약효가 있다' 라는 뜻이다. 가지 끝에 달린 열매는 겉으로는 색감이 좋고 맛있어 보이지만 매우 쓰기 때문에 가공해야 먹을 수 있다. 긴 타원형의 크기가 작은 열매가 많이 열리며 독성이 있는 씨를 제거한 후 말려서 먹거나 술을 담가서 먹는다.

나무는 만나는 시간과 장소에 따라 사람마다 다른 느낌으로 남는다고 한다. 어떤 시인은 이른 봄날의 황량한 숲속에서 산수유가 꽃 피우는 모습에 탄성과 생명의 부활을 이야기 했다. 김종길 시인은 성탄제라는 시에서 '이윽고 눈 속을 아버지가 약을 가지고 돌아오시었다. 아버지가 눈을 헤치고 따 오신 그 붉은 산수유 열매...' 라며 아버지의 자식 사랑을 산수유 열매로 표현했다. 또 다른 작가도 "산수유는 '어른거리는 꽃의 그림자', 중량감 없이 파스텔처럼 산야에 번져 있다. 그래서 '꽃이 아니라 나무가 꾸는 꿈'처럼 보인다." 라는 글을 남겼다.

눈속의 산수유 열매

봄에는 왜 노란색 꽃이 많이 필까?

산수유를 비롯하여 생강나무, 히어리, 영춘화, 개나리, 복수초, 꽃다지, 민들레, 유채꽃 등 초봄에 피는 이 꽃 대부분은 노란색이다. 노란꽃이 화사하게 피어난 모습을 보면 겨울이 가고 봄이 온 것을 실감할 수 있다. 초봄에 노란꽃이 많은 것과 다르게 초여름에는 이팝나무, 때죽나무, 쪽동백, 함박꽃나무 같이 흰색 꽃이 많이 피고, 초가을에는 용담, 금강초롱꽃, 투구꽃, 벌개미취, 쑥부쟁이 등 보라색 꽃이 많이 피는 경향이 있다. 왜 봄꽃에는 노란색 꽃이 많을까?

식물이 꽃을 피우는 것은 사람들의 선호도와 무관하게 곤충을 유인해 꽃가루를 운반하게 하려는 것이다. 따라서 초봄에 노란색 꽃이 많은 것은 꽃가루받이를 하는 곤충의 습성과 관련이 깊다고 한다. 노란색에 잘 반응하는 등에라는 곤충은 벌과 비슷하지만 파리에 가까운 곤충인데, 기온이 낮은 초봄에 활동하여 노란색 꽃이 피는 식물의 꿀을 먹으며 꽃가루받이를 도와준다. 꿀벌처럼 영리한 곤충은 한 종류의 꽃만 찾지만 등에는 벌보다 하등동물이라 꽃을 구분하지 않고 날아다닌다. 꽃가루를 다른 식물의 꽃으로 옮기면 꽃가루받이를 할 수 없기 때문에 초봄에 피는 꽃들은 무리를 지어 피는 방식으로 진화했다. 한군데 모여서 피어 있으면 등에가 마구잡이로 옮겨 다녀도 같은 종류의 꽃에 꽃가루를 옮긴 가능성이 상당히 높아지기 때문이다. 또 다른 이론으로는 이른 봄철 부족한 영양분 때문에 에너지를 많이 필요로 하지 않는 노란색 꽃을 피운다고 설명한다. 봄의 노란꽃은 힘겹게 겨울을 보낸 식물들이 자신을 지키면서도 종족을 번식시켜야 하는 최고의 방법을 선택한 것이라고 할 수 있다.

생강나무 히어리 영춘화 개나리

이른 봄날 도시에 노란꽃이 많은 이유에 대해 "사람들이 노란꽃이 피는 식물을 많이 심었기 때문"이라는 현실적인 분석이 설득력이 있다. 유채꽃, 영춘화, 산수유, 개나리 등은 자연적으로 자라는 것이 아니라 대부분 사람이 심은 것이기 때문이다. 히어리나 복수초 등은 자생지가 있지만, 도시에서 볼 수 있는 것은 인위적으로 녹지나 공원에 심었기 때문이다. 대부분의 낙엽활엽수가 꽃을 피우고 신록이 우거지기 시작하는 4월 중순 전에 도시에 봄을 알리기 위하여 대부분 노란꽃을 피우는 식물을 심었다는 것이다.

과거에는 식물이 곤충의 습성에 대응하는 방식으로 진화했는데, 오늘날에는 육종 기술의 발전으로 인간의 기호에 맞는 꽃을 대량생산하고 있어 꽃 색깔도 인간이 선택하고 있다. 다행히 우리 산과 들에 살고 있는 대부분의 나무와 풀은 아직 야생 상태를 유지하면서 봄꽃을 피우고 있다. 노란 산수유꽃이 그렇다.

남자한테 정말 좋은데 어떻게 표현할 방법이 없네

구례 산동면은 산수유마을로 유명하다. 마을 이름이 '산동'으로 된 계기는, 천년 전 중국 산동성의 처녀가 구례로 시집올 때 고향을 잊지 않기 위해 산수유 씨앗을 가지고 와 심었다고 한다. 그때 심었던 나무가 우리나라 산수유의 어미나무인 셈이다. 지리산 아래 산골 마을의 척박한 토양에서 유일하게 잘 자라는 작물로 조선시대에는 마을의 특산품으로 인정받을 정도로 산동마을에 많이 심어 가꿨다고 한다. 구례 산수유에 대한 기록은 조선시대 문헌에도 자주 나온다. 산림경제 등에는 구례에서 공납을 위해 산수유를 재배하여 한약재로 쓰였다는 기록이 나온다. 동의보감에는 보신강장 효과가 있어 원기를 돕는다고 적혀있다. 예전에 "남자한테 정말 좋은데 어떻게 표현할 방법이 없네" 라는 광고카피가 널리 알려져 건강보조식품의 대명사로 유명해졌다.

1970년대 들어 농가소득을 높이기 위하여 산수유 묘목을 농가에 무상보급하여 마을 빈 땅이나 휴경지에 확대 재배하기 시작했다. 산동면의 경지 면적의 10%를 차지하면서 벼농사보다 더 수익이 높은 산수유나무는

산수유축제가 열리는 산동면

자녀들의 대학 등록금을 댈 수 있는 '대학나무'로 불렀다. 섬진강 주변에는 우리나라에서 봄이 가장 일찍 찾아오는 곳으로 큰 규모의 매실과수원과 산수유마을이 많이 있다. 해마다 매화와 산수유꽃를 보려는 봄맞이 손님들로 북적이곤 한다. 산수유와 함께 성장하고 마을을 가꿔온 사람들의 노력이 쌓여서 구례의 산수유나무는 국가중요농업유산으로 지정되면서 전통과 문화를 상징하는 나무숲이 되었다.

도시에 봄이 왔다고 선언하다

봄기운을 느끼며 도시 근교산 등산로 입구에 노란색 꽃이 핀 나무가 보인다. 나무에 관심이 많은 사람은 "산수유꽃이 일찍 피었네" 하며 아는 체를 한다. 그러나 산자락에 피어있는 노란색 꽃은 거의 다 생강나무로 볼 수 있다. 공원이나 아파트에 심겨진 것이 산수유이고 산자락에 보일락 말락 새초롬히 꽃핀 나무는 생강나무이다.

산수유와 생강나무 꽃

꽃이 달리는 위치가 다르다

꽃 자체 모양이 비슷하고 피는 시기가 같아서 혼동하기 쉬운 나무들이다. 꽃자루가 길게 뻗은 것은 산수유, 꽃자루가 없이 공처럼 뭉쳐있는 것은 생강나무고 수피가 지저분하면 산수유라고 알려줘도 뒤돌아서면 잊어버리곤 한다. 고심 끝에 한글을 이용해서 시각적으로 구분해서 설명한다. 산수유는 '아' 모음처럼 가지 끝에 꽃이 달리고, 생강나무는 가지와 붙어서 꽃이 핀다고 그림을 그려서 알려주니 잘 기억한다. 가을 산행 때 낮은 산 등산로 옆에서 쉽게 볼수 있는 노란색 단풍이 든 키작은 나무가 바로 생강나무이다.

꽃 모양만 비슷하지 생강나무는 녹나무과이고 산수유는 층층나무과 집안이다. 예전 생강이 귀하던 강원도 산골에선 나뭇가지나 잎을 꺾으면 생강냄새가 난다고 해서 생강나무로 불렀다고 한다. 또한 동백기름을 구하지 못한 아낙네들이 잘 익은 검은색 생강나무 열매를 짜서 머리에 바르면서 산동백이라고 부르던 나무가 생강나무이다.

산수유를 심는 위치로는 북풍을 피할 수 있는 양지 바른 곳이 좋으며, 토심이 깊고 비옥한 사질양토로서 배수가 양호한 곳이 좋다. 산수유 뿌리는 깊게 들어가지 않고 넓게 퍼지는 편이다. 강한 바람에 넘어지기도 하는데, 주변에 낮으막한 돌담이나 가벽을 세워 바람을 막아 주는 것이 좋다. 대체로 비옥한 산간계곡, 산록부, 논뚝, 밭뚝의 공한지 등에서 생육이 양호하다. 추위에 강하고 성장이 빠른 편이다. 중국단풍나무 줄기처럼 나무 껍질이 많이 갈라져 지저분해진다.

강풍으로 건조피해 발생

산수유는 정원의 틀을 만들고 봄을 제일 먼저 느낄 수 있도록 해주어 정원수로 많이 쓰인다. 특히 가지가 치밀하게 자라고 오래 살아 널리 사랑받고 있다.

봄의 노란색 꽃, 여름의 주홍색 열매, 가을의 분홍색 단풍잎 그리고 겨울 눈에 덮힌 가지까지 일년 내내 볼거리를 준다. 동백이나 매화는 추위 속에서 피어나는 꽃이라서 봄꽃이라는 상징이 부족한 편이다. 산수유 꽃은 겨울이 끝나고 봄이 왔다고 선언하는 주인공 역할을 하고 있는 셈이다.

백목련(경희대학교)

목련

Magnolia kobus (magnolia 木蓮)

성악가와 시인이 목련을 노래하다

시인 박목월은 자택 정원에 피어난 백목련 꽃을 바라보면서 '목련꽃 그늘 아래서 베르테르의 편질 읽노라'로 시작하는 시를 썼다. 이 시는 가곡으로도 만들어져 오랜 시간 동안 사랑을 받고 있다. 봄이 되면 서울 회기동 경희대 캠퍼스에는 아름다운 꽃이 많이 피는데, 그 가운데 목련꽃이 가장 멋진 모습으로 핀다. 목련을 사랑하는 학교 총장의 간곡한 부탁으로 김동진이 작곡한 '오 내 사랑 목련화야 그대 내 사랑 목련화야'로 시작하는 '목련화'는 국민 애창 가곡으로 각종 음악회에서 자주 등장한다. 가사처럼 목련은 굳세고 순결한 이미지로 우리에게 오랫동안 남아있다. 봄에 일찍 피는 꽃 가운데 귀한대접을 받고 있는데, 혹독한 겨울 추위를 견뎌낸 꽃눈에서 커다란 꽃이 활짝 피어난 모습이 강렬한 이미지를 주기 때문이다.

북향화 현상

남쪽 가지의 꽃봉오리가 먼저 핀다

예로부터 목련의 향기는 멀리 갈수록 더욱 맑고, 잎보다 꽃이 먼저 나며 정갈한 맛이 있어 고고한 선비나 군자를 상징한다고 여겼다. 꽃눈이 붓을 닮아서 목필(木筆), 꽃봉오리가 피려고 할 때 끝이 북쪽을 향한다고 해서 '북향화'라는 이름으로 불렸다. 조선시대 남쪽지방으로 귀양간 사람들은 북쪽에 있는 왕을 향해 충성을 다짐하는 마음을 목련으로 비유하면서 호소하곤 했다. 사실 북쪽을 바라보고 꽃이 피는 이유는 햇빛을 많이 받는 남쪽 꽃자루 부분이 더 빨리 자라면서 팽창하여 꽃봉오리가 북쪽으로 휘어지기 때문이다. 그래서 북쪽을 바라는 듯한 모습을 보이는 것이다. 더 자세히 살펴보면 북쪽 가지가 더 늦게 꽃을 피운다는 것을 알 수 있다. 높은 아파트 건물에 가려져 햇볕이 잘 안 드는 그늘에 심은 나무는 열흘 정도 늦게 피기도 한다.

아주 오래된 집안이다

목련은 1억 4천만년 전에 최초로 꽃피는 속씨식물로 지구에 나타났다. 그 전에는 바람을 이용하여 꽃가루받이를 하던 겉씨식물만 있었는데, 동물이 꽃가루받이 해주는 충매화를 가진 속씨식물이 등장하여 번성하였다고 한다. 당시에는 벌이나 나비 같은 곤충이 나타나지 않았고 딱정벌레가 담당하고 있었는데, 온몸이 갑옷처럼 단단하고 입이 커서 수정시 상처를 입어 열매를 제대로 맺지 못하였다고 한다. 목련은 진화를 거듭하여 강한 향기로 딱정벌레를 유인하고. 암술과 수술을 견고하게 만들어 수정하기 쉽게 하고 꽃잎은 딱정벌레가 머물 수 있도록 위를 향하게 진화해서, 오늘날까지 이러한 형태가 남아있다고 한다.

우리나라 자생종인 목련(*Magnolia kobus*)은 우리 주변에서 쉽게 볼 수 있는 중국산 백목련과 꽃 모양이 확연하게 다르다. 6개 꽃잎은 좁고 긴 편이며 꽃받침은 없다. 꽃잎이 활짝 피어나 평평할 정도로 넓게 펼쳐진다. 대개 반쯤 꽃봉우리를 열고 있는 백목련 꽃 모습에 익숙한 이들에게는 이러한 목련 꽃 모습은 낯설게 보일 수도 있다. 백목련과 구분하기 위하여 학명을 붙여서 일명 '고부시목련' 이라고 부른다. 목련은 우리보다 훨씬 먼저 이 땅에 살아왔지만 널리 사랑받지 못한 게 사실이다. 크고 화려한 꽃을 좋아하다가 정작 중요한 우리 유전 자원을 잃을까 걱정된다.

목련 백목련

우리 생활공간에서 흔히 볼 수 있는 백목련(*Magnolia denudata*)은 새하얗게 핀 꽃이 나무 가지 전체를 뒤덮는다. '목련꽃 그늘'이라는 표현이 나올 정도로 무리 지어 핀다. 바깥 꽃잎 3장이 꽃받침 역할을 하고, 꽃잎 6장은 목련보다 훨씬 크다. 구입하기 쉽고 탐스런 꽃을 화려하게 피우기 때문에 대부분 조경현장에서 백목련을 훨씬 더 많이 심었다. 실제로는 목련을 구하기 어려워 백목련을 심은 경우가 더 많다고 할 수 있다.

목련 종류는 다양한데 자목련(*Magnolia liliflora*)은 꽃잎 겉과 안쪽까지 보라색이고 꽃잎의 겉만 보라색인 것은 자주목련이다. 자목련은 목련보다 늦게 피는 편이다. 일본목련은 백목련보다 훨씬 크게 자라고, 꽃은 잎이 난 후에 핀다. 처음 일본에서 들여올 때 후박(厚朴)나무라고 잘못 알려졌는데 남부지방에는 녹나무과 상록활엽수인 후박나무가 따로 있다. 중북부지방 깊은 산골짜기에서 비교적 찾아볼 수 있는 함박꽃나무(*Magnolia sieboldii*)는 산목련이라고 부른다. 이밖에도 다양한 원예개량종 목련이 많이 유통되고 있다.

자목련 자주목련

미인박명이 아니라 미인장수

목련은 관상 가치가 높아 많은 사람들에게 관심을 받으며 다양한 품종을 개발하여, 세계목련학회에 등록된 품종만도 1,000여 종류가 넘는다고 한다. 우리나라에서는 천리포수목원을 중심으로 품종개량이 이루어지고 있으며, 세계적인 목련 수집장으로서 관상가치가 높은 500여종의 목련 품종이 전시되고 있다. 매년 4월 천리포수목원 목련 축제기간에는 절정기를 이루고 있어 목련 매니아들의 찬사를 받고 있다. 입구의 연분홍 '밀키웨이', 연못가의 새빨간 '벌컨' 그리고 진분홍색 '라즈베리 펀' 등이 인기를 끌고 있다. 수목원 설립자인 고 민병갈(귀화 전 이름 칼 페리스 밀러) 선생이 1973년 황폐한 모래언덕이던 천리포에 처음 심었던 나무가 목련이었다. 목련에 반한 그는 이후 사재를 털어가며 외국의 식물원과 양묘장, 목련 애호가로부터 목련 품종을 수집했다. 이후 천리포수목원의 목련은 1998년 국제목련학회 총회를 개최함으로써 그 진가를 인정받았다. 세계에 자랑할만한 수목원으로 평가받고 있다.

천리포수목원의 다양한 목련

중국에서는 백목련을 목란(木蘭)이라고 부르기도 하는데, 백목련의 향기가 마치 난초와 같다고 해서 붙여졌다. 중국의 설화와 문학 작품에 등장하는 여전사의 이름은 화무란(花木蘭)이다. 몸이 불편한 아버지를 대신하여 여자의 몸으로 전쟁에 나가 큰 공을 세우는 여성 영웅 서사를 애니메이션 영화로 만든 게 '뮬란'이다. 중국 이름 '무란(木蘭)'을 영어식 표기로 뮬란으로 한 것이다. 영화는 목련의 아름답고 순결한 이미지 속에 감춘 강인함을 강조한 스토리로 만들었다. 중국 '무란' 모습과는 사뭇 다르게 애니메이션 주인공 '뮬란'이 그려졌듯이 서양에서는 중국산 백목련으로 새로운 목련 품종을 만들어 냈다고 할 수 있다.

취한 손님 발걸음은 어지럽다

이른 봄을 알리는 나무들은 대부분 잎이 나오기 전에 꽃이 핀다. 갈색으로 칠해진 삭막한 배경에 매화, 살구, 산수유 등이 흰색과 노란색 물감을 조금씩 떨어트린다고 한다면, 목련은 조금 늦게 나타나 두툼하고 탐스러운 꽃으로 무게를 싣는다. 목련꽃이 손짓을 하면 봄바람에 깨어난 버드나무 잎을 비롯하여 쥐똥나무나 조팝나무 잎이 고개를 내밀어 대지를 연초록색으로 물들이기 시작한다. 목련은 우리나라 모든 지역에서 잘 자라지만, 가끔 일찍 꽃이 피는 목련 종류들은 꽃샘추위에 꽃봉오리가 얼어 망가지기도 한다. 거름기 있고 배수 잘되는 약산성 토양에서 잘 자란다. 영구 음지나 바람이 강하게 부는 곳은 피하고, 반그늘 또는 양지바른 곳에서 잘 자란다.

봄기운이 나무 끝까지 오르면 툭하며 바닥으로 꽃잎이 떨어진다. 두툼한 꽃잎이 바닥에 떨어져 모여 있으면 지저분하게 보인다. 그래서 옛 문인은 목련을 취객(醉客)으로 묘사했다.

떨어진 목련 꽃잎

이른 봄 크고 화려한 꽃을 피우는 목련은 우리 곁에서 봄을 알리는 나무로 정원에 한 그루 정도는 반드시 심는 나무이다. 자생종만 해도 120여종이 넘고 원예품종은 수천 종에 달한다. 꽃색깔은 대부분 파스텔 톤으로 품종에 따라 백색, 연분홍색, 자주색, 진홍색, 연갈색, 연노랑 등 매우 다양하다. 다양한 토양에 잘 적응하지만, 물 빠짐이 좋고 부엽토가 풍부한 토양에 매우 잘 자란다. 잎이 큰 종류는 식재 직후 강한 바람에 넘어지거나 잎이 쉽게 찢어지는 경우가 많다. 큰 규격 나무는 작은 나뭇가지를 전정하지 않고 이식하면 살리기 어렵다. 그렇다고 강전정을 하면 수형이 망가질 수 밖에 없다. 목련은 빨리 성장하기 때문에 3m 크기 나무를 심어 커가는 모습을 보는 것이 좋다. 모아 심기를 하는 경우 너무 가까이 심으면 성장하면서 뿌리가 서로 뒤엉킨다고 하니 조심해야 한다.

왕벚나무 가로수(여의도 윤중로)

벚나무

Prunus serrulata (Oriental cherry 櫻)

plum 가문의 연예인

벚나무 속명 '*Prunus*'는 매실, 자두, 복숭아 등의 열매를 통칭하는 plum이라는 라틴어에서 유래되었는데 우리나라에는 매화, 살구, 앵도, 왕벚나무 등 20종 정도가 있다. 이들 대부분이 이른 봄에 꽃이 피는데 벚나무는 가장 늦게 꽃을 피운다. 봄 날씨가 무르익어 도시 녹지에는 다양한 나무와 풀이 새싹을 틔워 초록색이 물들기 시작하는 분위기에서 벚나무 꽃이 피어난다. 겨울 분위기 속에서 덩그러니 꽃 핀 산수유나 목련꽃으로 봄 기운을 얼핏 보았던 도시민들은 왕벚꽃을 보고 나서야 봄이 왔음을 확연하게 느끼게 된다.

벚나무류는 종류가 다양한데 외형이 거의 비슷하게 생겼으므로 식별하기가 어렵다. 꽃 모양과 수피로 구분하는데 꽃 피는 시기와 꽃 모양으로 구별하는 방법이 쉬운 편이다. 벚나무(*Prunus serrulata*)는 수피가 반질거리는 편이고 꽃은 왕벚나무(*Prunus × yedoensis*)와 같은 시기에 피는데 잎자루에 잔털이 없다. 산벚나무(*Prunus sargentii*)는 키가 가장 크게 자라며 주로 높은 산 속에서 자라며 가장 늦게 2~3송이 꽃이 잎과 함께 핀다. 수피가 비교적 매끈한 편이다. 목재는 서각용으로 적당하여 해인사 8만대장경 대부분을 산벚나무 목재로 만들었다고 한다.

시계방향으로 벚, 산벚, 왕벚, 올벚

올벚나무(*Prunus pendula*)는 다른 벚나무보다 가장 먼저 비교적 작은 크기 꽃이 핀다. 가지가 가늘고 잎에 잔털이 있고 3~4개 꽃은 잎보다 먼저 피며 암술대에 털이 없고 꽃받침통 밑부분이 항아리모양이다. 우리나라 남부지방과 제주도와 같이 따뜻한 지역에 자라며, 일본의 혼슈와 큐슈에도 자생한다. 겹으로 피는 겹벚나무는 꽃이 오래 가는 편이고 가지가 아래로 처지는 능수벚나무도 있다.

왕벚나무(*Prunus × yedoensis*)는 잎보다 먼저 3~6송이 꽃이 피는데 꽃자루, 꽃받침통, 암술대에 잔 털이 있는 것이 특징이다. 꽃이 가장 풍성하게 피어 벚나무류의 대표 미인이다. 우리나라 여러 지역에 가로수로 많이 심었다. 하천 정비를 하면서 제방길에 많이 심어 지금은 벚꽃 터널을 이뤄 사람들이 봄꽃 구경하기에 좋은 장소가 되었다. 양재천, 송정제방, 중량천, 여의도 윤중로, 홍제천변길, 낙동제방길, 공릉천길 등 대부분이 벚꽃명소로 알려져 있다. 봄꽃 축제는 진해 군항제부터 서울 여의도까지 대부분 벚꽃이 피는 시기에 한다. 해마다 개화 시기가 일정하지 않아서 준비하는 측에서 고생을 많이 한다. 그런데 이 왕벚나무는 꼬리에 꼬리를 물고 원산지 논쟁이 벌어지고 있다.

너 이름이 머니 ?

한류가 전세계에서 인기를 얻고 있는데 한류드라마가 즐겨 쓰는 소재는 출생의 비밀이다. 나무의 세계에서는 왕벚나무가 드라마 주인공이다. 20세기 초 일본은 우호 증진을 위한다며 3,020그루의 왕벚나무를 미국 워싱톤시에 기증했다. 일본이 '우호'의 상징으로 벚꽃을 이용했는데 2차대전 때 서로 전쟁하게 되어도 미국에서는 왕벚나무를 베어버리지 않았다. 왕벚나무는 일제 강점기때 우리나라에 많이 심겨지기 시작했다. 주로 한반도에 살러온 일본인들이 묘목을 들여와 심었다고 한다.

미국 워싱톤의 왕벚나무

문제는 왕벚나무에 일본인의 이미지가 강하게 투영된 점이다. 일제히 꽃이 피었다가 한꺼번에 떨어지는 모습이 일본 정신을 닮았다고 여러 매체에서 강하게 주장하곤 했다. 사실이든 아니든 오랫동안 그런 이미지를 덧칠한 덕분에 벚꽃은 일본 국민성을 나타내는 꽃으로 알려졌다. 광복 이후 일본산이라는 꼬리표와 일본인들이 즐겼던 벚꽃놀이 문화에 대한 반감으로 전국적으로 왕벚나무는 벌목되어 전부 사라지는 듯 했다. 그러다가 1960년대 한 · 일 수교 재개 이후 재일교포나 일본 기업들의 기증을 통해 다시 심기 시작했다. 이후 박정희 정부 시절에 왕벚나무 원산지가 제주도라고 하면서 사적지, 관광지, 신도시 등에 많이 심어 일반인에게 친숙한 나무가 되었다. 그 당시 심은 벚나무 대부분은 일제강점기 시절에 심었던 왕벚나무, 즉 소메이요시노 벚나무이다. 그리고 지금도 유통되어 대다수 조경 현장에서 심고 있다.

출생의 비밀 찾기는 2018년 국립수목원의 연구결과로 완결되었다. 유전체 비교 분석 결과 일본산 왕벚나무와 제주도 자생 왕벚나무는 다른 종이라는 연구결과가 발표되었다. 일본에서 주장하듯이 올벚나무와 오오시마벚나무의 교잡으로 생긴 것이 소메이요시노 벚나무이고, 제주에 자생하는 왕벚나무는 비교적 낮은 산에 자라는 올벚나무를 모계로 하고 높은 산에 자라는 산벚나무를 부계로 둔 우리나라 자생종이라는 것이다. 결국 국가표준식물목록에서 소메이요시노 벚나무는 왕벚나무라고 그대로 두고, 제주도 자생 왕벚나무는 학명을 '*Prunus × nudiflora*', 국명을 '제주왕벚나무'로 정리했다. 이미 전국에 심어놓은 150만 그루가 넘는 왕벚나무를 소메이요시노 벚나무로 고쳐 부르기에 무리가 따른다고 보고 현실적인 결정을 한 것이다. 그러자 왕벚나무라는 이름을 일본산 나무에 넘긴 게 아니냐는 비판과 항의가 계속되고 있다.

홍릉 산림과학원의 올벚나무

이러한 논란 뒤에 제주왕벚나무 심기 움직임이 생겼다. 제주왕벚나무는 소메이요시노 벚나무에 비해 기후변화 등 환경 변화에 대응력이 높고 신품종 개발 가능성이 높다고 한다. 품종개발을 국가기관에서 주도하고 묘목을 보급하여 인증받은 농가에서 생산하여 국가 중요 시설이나 사적지부터 식재하는 정책이 필요하다.

무엇이 중요한가?

겨울철에 꽃을 피우는 애기동백, 조림수종인 일본잎갈나무, 달콤한 솜사탕 냄새로 유명한 계수나무 등은 일본이 원산지이다. 우리나라에 정착해서 잘 살고 있는데 이 나무들을 베어내자고 하는 것이 과연 맞는 주장일까? 한때는 왕벚나무가 사무라이 기질을 닮은 일본산 사꾸라라고 미워하다가 우리나라가 원산지로 밝혀졌다며 언론에서 호들갑을 떤다. "왕벚나무 원산지에 대한 언론의 선정적 보도만 넘친다" 라거나 "원산지 규명 이전에 일본이 왕벚나무를 세계적 원예종으로 개발하는 동안 우리는 뭐 했느냐"는 우리나라 원로 임학자의 지적에 공감이 간다. 나아가서 러시아 학자는 "식물은 국경이 없다"라고 주장했다. 그는 동아시아 지역이 북극에서 열대지역까지 끊어지지 않은 숲으로 연결된 지구에서 가장 긴 수림대라며, 매우 다양한 식물이 분포하고 있다고 설명했다. 또한 "이 지역 식물의 생물다양성을 보전하고 기후변화에 대응하기 위해선 자연사적 배경을 이해하고 국가간 협력이 필수적"이라고 강조했다.

서울지역의 벚꽃이 2023년 3월 25일에 개화했다. 1922년 이후 두번 째로 일찍 서울에 벚꽃이 핀 해로 기록됐다. 평년 개화일인 4월 8일보다 14일이나 빠르다. 과거에는 개나리가 핀 뒤 최장 30일 뒤 벚꽃이 개화했으나 점점 줄다가 2010년 이후부터는 1주일 간격으로 개나리와 벚꽃 개화가 일어나고 있다. 기후변화에 따른 이상 고온 현상이 그 원인이다. 벚꽃 뿐 아니라 봄꽃이 동시에 만개하는 현상은 최근 자주 일어나고 있다. 봄꽃은 꽃 피기 적당한 조건에서 꽃을 피우기 때문에 기온이 일시적으로 상승하면 개화 조건이 맞는 식물들이 한꺼번에 필 수밖에 없다. 최근들어 자주 겨울의 이상고온이나 봄철 이상저온

양재천의 개나리와 왕벚나무

으로 봄꽃의 생체시계가 제대로 작동하지 않고 있다.

꽃 피는 시기의 변화는 식물의 생장과 번식뿐만 아니라 곤충이나 새의 생태에 큰 영향을 미친다. 꽃가루를 옮겨 줄 곤충이 나왔지만 봄꽃이 아직 피지 않았거나 일찍 저버리면 생물 간 상호 관계가 깨질 수 밖에 없다. 결국 생태계 전체가 흔들려 여러 생물의 생존에 문제가 생긴다. 우리 사회가 원산지 논쟁보다 기후변화 대응에 관심을 쏟아야 하는 이유이다.

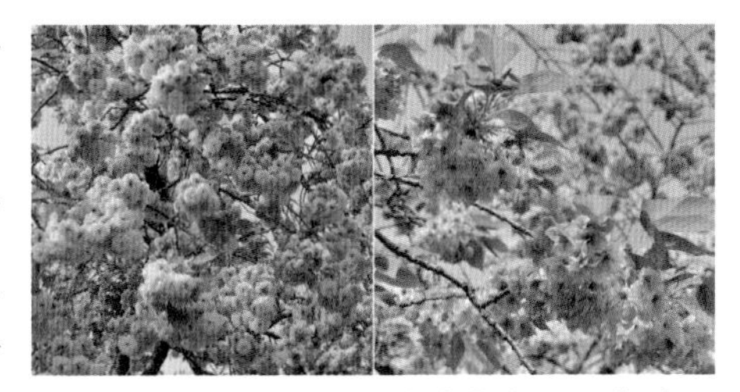

겹벚나무 개심사의 초록색 벚꽃

내년에도 벚꽃을 꼭 봐야지

벚나무는 양지바르고 비옥한 땅을 좋아하며 우리나라 전역에서 재배 및 식재가 가능하며, 생장 속도가 매우 빠르다. 각종 병해충이 많이 발생하는 편이고 추위에 약하다. 도시에서 왕벚나무는 잘 적응하는 편이며 특히 하천 제방에 심은 것이 생육이 좋다. 경사진 도로변이나 척박한 토양에 식재한 나무는 10년이 지나도 잘 자라지 않는다. 수령이 오래되면 수관이 지나치게 발달하여 강풍에 가지가 잘 부러지고, 가지를 전정한 부분이 쉽게 썩어 수간 전체가 약해진다. 어쩔 수 없이 전정하는 경우 자른 부위가 아물 수 있도록 반드시 약품 처리해야 한다. 이식이 잘되는 편이지만 굵은 가지를 전정한 부위가 썩기 쉬워 수명을 단축하거나 수형이 망가지는 경우가 많다. 너무 큰 나무를 이식하는 것은 피하고 4m 이하 크기 나무를 심는 것이 좋다.

왕벚나무 고목의 부후현상

꽃이 화려해 전국에 가로수로 많이 심었으며 조경수로 인기가 좋다. 잎이 무성하여 여름철 녹음수로 이용하고 가을철의 단풍도 제법 볼만하다. 한때 이팝나무에 밀려서 수요가 급격하게 줄더니 아파트를 대량으로 건설하던 몇 년 전부터 수요가 급증하여 가격이 많이 올랐다. 수요에 맞춰 빠르게 생산할 수 있는 공산품이 아닌 조경수 시장은 이처럼 품귀현상이 자주 발생한다. 토종 벚나무 열매인 버찌는 검은색으로 익는데 왕벚나무는 빨간색으로 익는다. 서양에서는 열매를 크고 달게 만들어 과일 수준으로 개량한 벚나무도 있다.

겨우내 항암치료를 받은 뒤 병원을 나서던 암 환자는 추운 봄날 활짝 핀 벚꽃을 보고 가슴이 설렜다고 한다. 사람들이 벚꽃을 보며 웃는 모습과 바람에 흩날리는 꽃비를 눈앞에서 보며 내년에도 벚꽃을 보고야 말리라는 다짐을 했다고 한다. 이처럼 벚꽃은 죽음의 문턱에 서 있는 환자들에게 다음 해까지 살고 싶다는 희망을 주고, 벚꽃엔딩이라는 노래를 내년에도 듣고 싶다는 간절한 소망이 사람을 살리게 하는 용기를 준다. 매년 찾아오는 부활절 그 즈음에 벚꽃이 지고 나서야 산천초목이 신록으로 물들어 온누리를 푸르게 하는 대자연의 부활을 보여준다. 꽃잔치는 끝나고 일을 해야 하는 봄이 왔음을 알린다.

벚꽃이 지고난 후 숲속 신록

꽃사과나무

Malus floribunda
(crab apple 海棠)

열매보다 꽃

버드나무같이 바람이 꽃가루받이를 도와주는 풍매화(風媒花)는 이른 봄부터 서둘러 꽃이 피었다가 진다. 진한 꽃향기도 없고 눈길을 끄는 화려한 색깔도 없는 꽃은 씨앗을 남기기 위한 최소한의 역할만 수행한다. 그러나 4월부터는 나무들의 화려한 꽃 잔치가 시작된다. 복숭아꽃, 배꽃 등이 앞다투며 피어나기 시작한다. 이 시기에는 나뭇잎과 꽃이 같이 핀다. 나뭇잎이 나오기 전에는 노란색 꽃이 많이 보이는 것과 달리, 흰색이나 분홍색 꽃이 초록색 잎을 배경으로 피어나는 나무들을 많이 볼 수 있다. 꽃사과나무는 과일보다는 화려한 꽃을 보려고 심는 나무이다. 봄기운이 무르익는 4월 중순부터 피기 시작한다.

꽃사과나무란 사과나무속 식물 중에서 열매보다는 관상용 꽃을 위해 심는 종을 전부 포함한다. 구체적으로는 야생 사과나무와 식용사과나무를 제외한 관상용 사과나무를 전부 꽃사과라고 분류한다. 야생 사과나무에는 우리나라 자생식물인 야광나무나 아그배나무, 능금나무가 포함된다. 대부분이 지름 4~5cm 이

다양한 꽃사과 품종

분홍색 서부해당/흰색 꽃사과나무(양재시민의 숲)

하 열매를 맺어 아기 사과나무라고도 부른다. 가을에 익으면 대부분 빨간색으로 물들고 신맛이 강해 먹기 어렵다. 원예종 꽃사과는 헤아릴 수 없이 다양한데, 중국 원산 꽃사과(*Malus prunifolia*)나 분홍색 꽃이 풍성하게 피는 꽃사과(*Malus floribunda*)를 많이 심는다. 개량되면서 꽃이 크고 작은 것, 열매도 작거나 큰 것, 꽃 색도 흰색이나 분홍, 빨강 등 여러 가지가 있다. 정원에서 독립수로 심는 편이지만 넓은 녹지에 군식하는 것도 보기에 좋다.

꽃사과나무와 비슷하게 보이는 나무로는 서부해당, 아그배나무, 야광나무가 있는데 일반인은 구분하기 쉽지 않다. 열매는 꽃사과나무가 가장 큰 편이고 열매 배꼽에 꽃받침이 남아 있는 것이 특징이다. 꽃사과는 수분수 용도로 쓰이기도 하는데 사과 과수원에서 꽃가루만 제공하는 역할을 한다. 이들 네 종류 나무들은 낙엽이 지는 늦겨울에 빨간 열매를 주렁주렁 매달아 멀리서 보면 빨간 단풍이 든 것처럼 보인다.

열매(꽃사과-서부해당-아그배나무-야광나무)

작은 차이와 다른 이름

서부해당(西府海棠) 학명은 '*Malus halliana*' 인데 종소명을 따라 '할리아나 꽃사과' 또는 '수사해당' 으로 부르기도 하는데 수사(垂絲)란 꽃자루가 '아래로 늘어진 실' 같다는 의미이며, 해당(海棠)은 장미과 식물을 말한다. 우리가 알고 있는 바닷가 꽃인

서부해당

해당화가 아니다. 서부해당과 관련하여 중국 당나라의 유명한 고사가 전해진다. 현종이 혼자 화창한 봄날을 즐기다가 양귀비를 불렀다. 양귀비는 지난 밤 연회 때 마신 술이 깨지 않아 백옥같이 흰 얼굴에 홍조가 곱게 핀 모습으로 불려 나가게 되었다. "그대는 아직도 취해 있느냐?" 라는 물음에 양귀비는 "해당화의 잠이 아직 깨지 않았습니다"라고 답했다고 했다. 홍조로 물든 뺨을 서부해당 꽃에 비유한 양귀비의 고사처럼 서부해당은 봄햇살 아래 화사한 분홍색 꽃이 특징이다. 5cm 정도의 긴 꽃자루 끝에 화사한 꽃이 실처럼 아래로 드리워져 핀다. 열매는 꽃사과보다 작은 편이고 배꼽이 살짝 들어가 있다. 서부해당은 가지가 제멋대로 뻗기 때문에 좋은 수형을 만들기 위해서는 적당한 전정이 필요하다.

아그배나무(*Malus sieboldii*)는 일본 원예종으로 유럽으로 전해져서 큰 인기를 받고 있다. 꽃은 연분홍색으로 피었다가 흰색으로 변한다. 열매는 주로 노란색이 달린다. 네 종류 가운데 꽃이 제일 아름다운 편이다. 꽃사과나 야광나무는 아그배나무와 수많은 교잡종이 생겨나 특별히 구분할 필요 없이 꽃사과로 전부 분류해도 된다는 의견도 있다. 정원식물로 개량한 키가 작은 꽃아그배나무도 있는데, 추위에 강한 편이라 전국에서 심을 수 있고 거름기가 많고 양지바른 곳에서 잘 자란다. 아그배나무 특징은 나무 전부를 뒤덮을 정도로 흰색 꽃이 가득 피며, 가지 끝에 새로 난 잎에서 3~5개 결각을 볼 수 있다. 열매는 돌배나무를 닮고 크기가 작아 아기배나무라고 하다가 아그배나무로 부른다고 한다. 겨울철 새들이 열매를 즐겨 먹는다.

아그배나무 ©국립수목원

야광나무(*Malus baccata*)는 5월경 나무 몸 전체를 흰색 꽃으로 뒤덮는다. 어두운 밤에도 빛이 환하게 난다고 하여 야광나무라는 부른다고 한다. 보름달 빛이라도 받게 되면 엄청나게 주변을 환하게 밝게 하여 한 번 본 사람은 평생 잊지 못한다고 한다. 일부에서는 '야광나무'는 활짝 핀 흰 꽃이 밤에 환하게 야광(夜光)처럼 비치는 데서 유래한 것이 아니라, 열매가 아주 작게 달리는 나무라는 뜻의 '아가위나무'의 평안북도 방언 '야광나무'에서 유래한 것이라고 주장한다. 남부지방에서는 보기 어렵고 중북부지방인 강원도 산림에서 쉽게 찾아볼 수 있다. 아그배나무와 비교해서 새로 나는 잎 가장자리가 갈라지지 않는다. 열매는 아그배나무와 비슷한데 조금 작은 편이다.

야광나무 ©국립수목원

기왕이면 다홍치마

우리 조상들은 꽃만 화려한 나무를 좋아하지 않았다. 과일을 수확하여 먹거나 약으로 쓸 수 있는 것들을 좋아했다. 매실이나 살구는 집 부근에 심어 꽃을 보며 봄이 왔음을 느끼고 그 열매로 가정상비약으로 요긴하게 썼다. 과일 수요가 늘어난 20세기 초반부터 배, 복숭아 그리고 사과나무는 과수원에서 대량생산하게 되었다. 짧은 개화기간 동안에 꽃구경을 즐기고 난 후에는 상품성 있는 과일을 얻기 위하여 꽃 따기, 1차 적과 그리고 2차 적과까지 바쁘게 일해야 한

과수원 모습

다. 과수원을 하는 농민에게 꽃 피는 4월은 1년 농사중 가장 중요한 일들이 이어지는 시기이다. 과수원에 핀 꽃은 도시민에게는 불꽃놀이처럼 화려한 볼거리지만, 과수농가에서는 온 가족이 달려들어 일하기 시작하는 시기임를 알려주는 신호탄인 것이다.

이상기후로 과수 개화 시기가 빨라지면 나무의 면역력이 약해져서 병충해 피해가 많이 발생한다. 나비나 벌의 활동이 원활하지 않아 꽃가루받이가 미흡하여 결국에는 과일 생산량이 적어지게 된다. 이처럼 생태계 질서가 깨지면 모든 생명체에게 나쁜 영향을 끼치게 된다.

우리 조상은 오래 전부터 능금을 재배해서 먹다가 20세기 초반 서양에서 들여온 사과를 더 많이 생산하게 되었다. 사과는 다양한 품종이 내는 새콤달콤한 맛으로 능금을 밀어내고 과일의 최고자리에 올랐다. 이제는 능금을 찾아보기 어렵게 되었다. 이처럼 근대화로 인한 사회구조가 변화하면서 선호하는 과일이나 식물생태계도 바뀌게 된다. 대량생산과 대량소비에 따른 소비자 위주의 시장이 열리게 됨에 따라 조경수 시장도 변화하게 된다. 화려하고 오래가는 꽃이 피는 나무를 심어달라고 한다. 은은한 향기보다는 당장 눈을 즐겁게 해주는 꽃나무 수요가 많아지면서 생산농가도 그 요구에 따르게 된다. 조경수는 공장에서 찍어내듯이 단기간에 공급할 수 없기 때문에 수요를 제 때 맞추기 어려워 가격의 폭등이나 폭락 현상이 자주 발생한다.

농업기술개발을 담당하는 농촌진흥청은 꽃과 열매를 감상할 수 있는 관상용 꽃사과 품종의 확대 보급에 나섰다. '하니벨'은 달콤하고 상쾌한 향기를 풍기고 풍성한 흰 꽃을 피우는데, 꽃향기는 화장품 향료로 쓰일 만큼 향이 뛰

하니벨　　　　메이폴

어나다. 분홍색 겹꽃이 아름다운 '로즈벨'과 황금빛 작은 열매를 감상할 수 있는 '골든벨'이 있다. 현재 농촌진흥청은 농산물 위주로 연구개발하고 있지만, 앞으로는 조경수나 정원식물 연구개발에도 앞장서서 우리 자생식물을 현장에서 많이 사용할 수 있도록 뒷받침하는 역할을 기대한다.

소중한 우리 풍경

세계적으로 유명한 소설인 '빨간머리 앤'에서 작가는 사과꽃이 흩날린다는 표현을 썼다. 정확하게는 꽃사과 꽃잎이 바람에 날리는 풍경을 묘사한 것이다. 유럽이나 북미에는 오래 전부터 벚나무보다는 꽃사과를 많이 심었다고 한다. 우리나라 거리에 벚꽃잎이 바람에 눈발처럼 날리듯이, 소설의 배경인 캐나다 동부해안 지역에서는 꽃사과나무가 많아 봄이면 꽃잎이 흩날리는 거리 풍경이 일상적이었다고 한다. 우리 땅에서 꽃사과나무는 흔히 볼 수 없었는데, 20년 전부터 해외 출장가서 구경한 꽃사과에 감탄하여 화려한 꽃을 자랑하는 원예종들을 수입하여 오늘날 많이 보급되었다. 조경수의 세계화 시대가 열리게 되어 우리나라 경관의 특색이 사라지지 않을까 걱정이 된다.

꽃사과는 햇볕을 좋아하며 습기가 많은 토양에서도 잘 견디나 공해와 염분에는 약하다. 비옥한 점질토에서 잘 자란다. 봄철에 나뭇가지 전체를 뒤덮을 정도로 많은 꽃이 잎과 함께 핀다. 모양을 잡아주기 위한 전정은 최소한으로 하는 것이 좋다. 다만 꽃이 지고 난 뒤 수형이 그리 좋지 않기 때문에 키가 3m 이하 규격은 모아 심는 것이 좋다. 붉은별무늬병(적성병) 때문에 향나무 옆에 심는 것을 피하는 것이 좋다.

도시 근교산의 아까시나무(과천시)

아까시나무

Robinia pseudoacacia
(false acasia 刺槐)

본명은 '가짜 아카시아'

보통 "아카시아"라고 부르지만 우리 산과 들에서 볼 수 있는 '아까시나무'와 '아카시아'는 전혀 다른 나무이다. 아까시나무는 북미대륙이 원산지인데 19세기 말 중국에서 들여와 인천에 처음 심었다. 나무를 모조리 베어 황폐해진 산에 심어 질소를 고정하며 빠르게 자라서 사방용 식물로 효과가 높아 전국적으로 많이 심게 되었다. 아까시나무의 종소명 '*pseudoacacia*'은 '가짜(pseudo) 아카시아'라는 뜻인데 일제 강점기에 '아카시아'라고 줄여 부르면서 그 뒤로 계속 '아카시아'로 불리게 되었다. 이후 일본에서는 호주 원산의 아카시아와 다른 나무와 구분하기 위하여 '니세-아카시아'로 변경했다. 그런데도 한국에서는 관습적으로 '아카시아'라고 부르다가 호주 원산의 아카시아를 들여오면서 '아까시나무'로 바꿨다. 외래종은 도입 당시 이름을 제대로 짓지 못하면 후대에 혼란이 생기게 된다. 국어대사전에서는 여전히 아카시아도 맞는 말이라고 하고 있다.

제방의 아까시나무 숲(여의도 샛강)

들여온 지 100여 년이 넘어 산림에서 많이 볼 수 있지만 50살을 넘어서면 대부분 죽게 된다. 근원경이 50cm가 넘게 되면 줄기 속부터 썩어 강풍에 쉽게 넘어간다. 성장 속도는 매우 빨라 수관폭은 넓게 자라는데 뿌리가 얕고 약해서 비바람에 잘 넘어진다. 주기적으로 찾아오는 태풍 때문에 도시 근교산에 살고 있는 큰 아까시나무는 살아남기 어렵다. 아까시나무는 빠른 속도로 번성해서 나무가 없는 벌거숭이 산을 질소성분이 풍부한 토양으로 바꾸어 놓은 뒤 수명을 다하고 퇴장한다. 콩과 식물이라 뿌리에 질소를 고정하여 척박한 땅을 기름지게 만들어 준 다음, 뒤이어 들어와 정착한 나무들에게 서서히 밀려나기 시작한다. 그래서 민둥산이나 척박한 토양에 가장 먼저 들어와 비료성분을 만들어 놓고 사라진다고 해서 '비료목'이라고 불린다.

줄기에는 턱잎이 변한 억센 가시가 달려있다. 작은 잎은 9~19개이며 타원형이거나 달걀 모양이고 끝에 잎 하나가 달린다. 과거에 산림을 폭넓게 지배하는 생명력으로 인해서 산림생태계 교란을 걱정했는데 지속적인 관찰을 통하여 위협적인 존재는 아닌 걸로 결론이 나고 있다. 그러나 한번 뿌리내리면 완전히 뿌리 뽑기 어려워 '외래화 우려식물'로 지정하고 관심을 가지고 지켜보고 있다. 그렇지만 천연 벌꿀의 70%가 아까시나무꽃에서 나와 양봉 농가에 도움을 주고 있다. 꿀을 많이 가지고 있어 꿀벌나무(Bee tree)라고도 한다. 꽃송이 속에 꿀샘이 있는 부분이 진한 색이라 벌을 잘 유인하고 꿀을 가져가기 쉬운 구조로 되어 있다.

다목적

아까시나무 잎은 소나 염소 그리고 토끼 같은 가축 모두가 제일 좋아하는 먹이였다. 염소를 풀 밭에 데려가면 가장 먼저 키 낮은 아까시나무 가지에 달린 잎을 찾아 먹는다. 잎에서 나는 냄새와 쓴 맛 때문에 가축이 싫어할 것 같지만 최

아까시나무 꽃

고의 먹거리로 좋아한다. 가시가 있는 가지 채 꺽어줘도 소는 혓바닥으로 가시를 피해 잎을 훑어 먹는다. 가축 뿐만 아니라 춘궁기 배고픈 사람들에게 영양 가득한 별미를 제공했다. 탐스렇게 핀 아까시 꽃뭉치를 날로 씹어먹기도 하고, 아까시꽃으로 튀김 요리를 해서 먹기도 했다.

농촌 사람들의 생활과 함께했던 나무다. 목재는 질기고 단단하여 내구성이 좋아 집 짓는데 사용하거나 농기구 부속재로 썼으며, 화력이 세고 탈 때 연기가 거의 나지 않아 땔감으로 많이 사용했다. 거센 폭풍우가 지나가고 나면 농가 인근 산에는 굵은 아까시나무가 많이 쓰러졌다. 큰 노동력 없이 목재와 땔감을 구할 수 있어 생활에 도움을 주는 역할을 했다. 맹아력이 아주 왕성하여 원하지 않는 곳에 마구 자라나고 가시가 많아서 싫어하는 사람들도 많이 있었다. 제법 큰 아까시나무를 베어내버리면 땅속으로 뻗은 뿌리에서 올라온 새 나무들이 더욱 왕성하게 자랐다. 예전 산림이나 묘소 주변의 아까시나무 제거가 실패한 이유이다. 지금은 제초제를 그루터기에 주사하여 제거하는 방식을 개발해서 쓰고 있다.

아까시나무는 좀처럼 썩지 않고 혹독한 환경도 잘 견디기 때문에 야외 구조물 소재로 인기가 좋다. 참나무보다 비중이 크고 무게와 충격에 견딜 수 있는 압축강도도 우수하다. 천연 내구성 1등급으로 현재 수입하는 아까시나무(로비니아) 원목은 대부분 유럽산이다. 로비니아는 화학적인 목재방부 처리를 하지 않아도 오랜 기간 썩지 않는다. 방부처리가 필요 없어 어린이에게 무해하여 친환경 놀이기구로 만들며 생태 교육을 위한 생태시설물로 활용할 수 있다. 시간이 흐르면서 햇빛이나 빗물 등으로 고유의 색깔이 자연스럽게 변하여 회색빛을 띠게 된다.

로비니아로 만든 어린이 놀이기구

기우

한국전쟁이 끝난 뒤 민둥산을 가장 빠르게 녹화하는데 아까시나무는 큰 역할을 했다. 헐벗은 산에 처음 심어 주변에 큰 나무가 없는 환경에서 어릴 때 가장 빠르게 자랄 수 있었다. 뿌리혹박테리아가 대기 중의 70%를 차지하는 질소를 토양 속에 고정하여 척박한 토양을 기름지게 만들었다. 그렇게 아까시나무가 산림을 뒤덮으며 잘 자라다가 나무속 심재가 썩기 시작하여 거센 바람에 쉽게 넘어가면서 쇠퇴하기 시작했다. 씨앗이 떨어져 다시 왕성하게 자라는 2차 천이림이 나타날 가능성은 약하다. 아까시가 우점하던 시기에 그늘에 강한 참나무가 세력을 키우고 있어 아까시의 2차 우점을 제압하기 때문이다. 한때 사방공사용으로 심어놓은 아까시나무 숲은 산림의 10%를 차지했으나 지금은 2% 미만으로 줄어 들었다고 한다.

일제 강점기에 우리 산림을 망치려고 들여왔다는 속설과 번식력이 왕성하다는 점 때문에 미움을 받았던 아까시나무는 산림녹화와 사방사업의 첨병 역할을 해왔다. 심지어 쓰레기 산인 난지도를 녹화하는데 일등공신이 되었다. 초본인 쑥과 환삼덩굴로 뒤덮힌 경사면에 가장 먼저 정착하여 숲을 이루고 비탈면을 안정시키는 역할을 했다. 다양한 나무들이 들어와 성장하는 데 도움을 주고 현재는 서서히 쇠퇴하고 있다.

햇볕을 많이 받아야 잘 자라는 양수인 아까시나무는 숲의 천이과정 속에서 빠르게 성장하는 다른 나무 때문에 사라질 수 밖에 없다. 짧은 시간 동안 헐벗은 산림을 압축성장으로 녹화 목표를 이룩해낸 아까시나무 숲은 서서히 사라지고 있다. 세찬 바람에 줄기는 힘없이 흔들거리고, 5월 초 모든 나무들이 새 잎을 내밀어 온 산이 신록으로 가득할 때 뒤늦게 새 잎을 내밀며 나도 살아 있다고 말하는 듯 하다.

다른 나무에 비해 뒤늦게 새 잎이 나온다

희생, 헌신, 추억

호주 원산 아카시아속(*Acacia*) 나무들은 상록수이며 황금색 꽃을 피우고 잎은 자귀나무보다 작은데, 세계적으로 500여 종이 분포한다. 사바나 기후인 아프리카에 사는 아카시아는 기린이 목을 높이 빼고 뜯어먹는 나무로 아주 억센 가시가 특징이다. 이러한 아카시아는 열대지방에서 살 수 있어서 우리나라에서는 식물원 온실에서 볼 수 있다. 북미 원산 아카시아의 일종인 관목 아카시아(*Robinia hispida*)는 '꽃아카시아'라는 유통명으로 수입하고 있다. 특이하게도 흰색이 아닌 붉은색 꽃이 피는 아카시아로 아까시나무에 비해 줄기나 꽃줄기에 붉은색의 굳센 털이 밀생하여 구별할 수 있다.

아카시아 ©위키백과

꽃아카시아

얼핏 보면 잎과 꽃이 회화나무와 비슷한 모습을 보인다. 한 때 압구정로에 회화나무 가로수를 식재할 때 사람들은 왜 아카시아를 심느냐고 반발한 적이 있다고 한다.

잎 끝이 뾰족한 회화나무　　부드러운 아까시나무

가로수로 식재한 아까시나무(서울 소공로)

실제 1980년대 후반 서울 도심인 소공로에 가로수로 아까시나무를 10여 주 식재한 경우가 있었다. 지금은 거의 다 사라지고 몇 그루만 남아 있다. 빌딩 주인이 가진 아까시나무에 대한 애정으로 도심 가로수로 공들여 심었으나 오래 살지 못했다. 마치 야생마를 길들이듯이 도심 가로수로 시험 식재해 보았으나 죽고 말았다.

하지만 도시 여러 곳에 버려진 땅이나 개발이 유보된 빈 땅에는 누가 심지 않아도 아까시나무는 뿌리를 내리고 푸른 숲을 만들어 낸다. 오염된 땅이나 식물이 정착하기 어려운 척박한 토양 그리고 하천 제방을 가리지 않고 식물이 없는 나지에 맨 처음 정착하는 선구식물이고 질소를 고정하여 토양을 기름지게 만든다. 아름다운 선율에 실린 '동구 밖 과수원길 아카시아꽃이 활짝 폈네' 라는 동요 가사를 기억하는 사람들에게는 어린 시절의 아련한 봄날 정경이 떠오를 것이다. 그래서 '아름다운 우정과 청순한 사랑'이라는 꽃말이 어울린다.

이팝나무

Chionanthus retusa
(fringe tree 六道木)

짧은 봄날을 마무리하는 꽃나무

달성군 교흥리 이팝나무 숲 ©대구관광

추웠던 겨울이 지나가고 봄을 맞아 온갖 나무들과 풀의 새 잎이 돋아나 세상은 초록색으로 물들기 시작한다. 화려하게 피었던 벚꽃이 봄바람에 순식간에 떨어지면서 키 작은 관목들이 꽃을 피우기 시작한다. 봄날이 성큼 지나가면서 여름 날씨를 보이는 입하 절기로 들어서면 초록색 나뭇잎과 가지 전부를 흰색꽃으로 뒤덮는 이팝나무가 눈에 들어온다.

풍성한 꽃과 함께 향기까지 좋은 이팝나무는 전주와 포항을 잇는 선 아래인 남부 지방에서 자생하는 세계적인 희귀수종이다. 오래 전부터 자생하고 있는 노거수나 천연기념물로 지정한 이팝나무는 거의 다 남부지방에 있다. 최근에는 공원이나 도로변에 많이 심어 중부지방에서도 흔하게 볼 수 있다. 원래부터 추위에 잘 견디는 성질이 있어 중부지방에 심을 수 있었는데도 조경수로 생산하지 않아 뒤늦게 빛을 본 나무이다. 이팝나무가 왕벚나무만큼 인기를 끈 이유는 청계천 복원사업 때문이다. 2004년 당시 가로수는 왕벚나무와 은행나무가 대부분이었다. 그러

이팝나무 가로수(전주 팔복동) ©김지은

나 청계천복원을 상징하는 나무로 새로운 수종을 도입하자는 의견이 많았다. 당시에는 가로수로서는 흔치 않은 수종이지만 추위에 강하고 이식이 잘되는 이팝나무가 선정됐다. 청계천 준공 이후 전국적으로 이팝나무를 식재하는 유행이 일기 시작했다.

세계적으로도 온대 지방에 자생하는 이팝나무는 동북아와 미국 동부지역에 분포한다. 우리나라에서는 20여년 전부터 전국 각 지역에서 가로수나 정원수로 심기 시작하여 개체수가 많아져 비교적 흔한 나무로 여기지만, 중국과 일본에서는 멸종위기식물로 지정되어 관리하고 있다. 서양 학자가 지은 학명의 뜻은 '눈같이 하얀 꽃'이다. 그러나 같은 꽃을 우리 조상들은 전혀 다르게 바라보았다. 꽃이 모여있는 모습이 하얀 쌀밥과 비슷하다고 '이밥'으로 부르다가 '이팝' 나무가 되었다고 한다. 일부 지방에서는 여름이 시작되는 입하(立夏) 절기에 꽃이 핀다고 '입하' 나무로 부르다가 이팝나무가 되었다고 한다.

배고픈 시절의 슬픔

이팝나무는 5월 초순쯤에 초록색 잎이 보이지 않을 정도로 하얀 꽃이 나무 전체를 수북이 뒤집어쓴다. 가늘게 네개로 갈라지는 꽃잎은 밥알처럼 보이고 꽃 뭉치가 모여서 이루는 나무 모양은 멀리서 보면 쌀밥을 수북이 담아 놓은 듯이 보인다. 밤에 보면 마치 흰 눈이 나무에 쌓인 것처럼 보이기도 한다. 새로 난 어린 가지 끝에 흰색 꽃이 무더기로 달려 꽃 무게에 가지가 늘어지기도 한다. 꽃도 오랫동안 피어있고 은은한 향기를 내뿜으며 바람에 떨어지는 낙화의 모습도 인상적이다.

이팝나무 꽃

이팝나무에 꽃이 피면 본격적인 논농사가 시작된다. 못자리에 물을 대며 벼농사를 시작한다. 농사가 중요한 산업이었던 농경시대에는 풍년이나 흉년을 점칠 수 있는 신목(神木)의 지위를 가졌다고 한다. 넓은 들이나 농경지가 발달한 곳에 심어 놓고, 꽃이 많이 피면 풍년을 기대하고 꽃이 조금 피면 흉년이라고 걱정했다. 과학적인 기상관측이 불가능하던 그 시절에는 농사 수확량을 예상해 보는 것이 최대 관심사였을 것이다. 풍년이 들어야 쌀로 지은 이밥을 배불리 먹을 수 있지 않을까 하는 희망으로 이팝나무 꽃을 올려다 본 조상들의 모습이 떠오른다.

농경시대에는 5월달이 식량이 바닥나는 보릿고개였다. 햇보리가 나올 때까지 먹을 게 모자라 넘기 힘든 고개라는 뜻이다. 이팝나무꽃이 피는 시기와 겹친다. 그래서 흰 쌀밥을 마음껏 먹고 싶었던 서민들의 애환과 간절한 바람이 이팝나무 설화로 전해진다. 흉년이 들어 엄마의 젖만 빨다 굶어 죽은 아기를 아버지가 지게에 지고 산에 묻어 놓고 무덤 옆에 이팝나무를 심었다고 한다. 죽어서라도 쌀밥의 의미를 담고 있는 이팝나무를 보고 푸짐하게 먹으라고 했던 가난한 시절의 슬픈 전설이다.

지금도 진화중

도시지역 가로수로 이팝나무를 많이 심고 있는데 봄철 꽃가루를 날리는 나무로 의심받고 있다. 그러나 꽃의 구조를 보면 수술이 화관으로 둘러 쌓여있어 꽃가루가 밖으로 나갈 수 있는 구조가 아니다. 실제 꽃이 피어있는 가로수를 흔들어 보아도 꽃가루를 날리는 나무는 보지 못했다. 이팝나무 꽃이 피는 시기가 송화가루와 버드나무의 종모가 흩날리는 때와 일치하는 것 때문에 오해를 받는 것 같다.

자세히 살펴보면 나무마다 꽃이 달린 모습이 차이 나는 것을 알 수 있다. 가을에 열매가 달리는 나무가 더 많은 꽃을 피우는 걸 발견할 수 있다. 예전에는 암수 딴그루로 분류했었는데 실제로 암그루의 암꽃을 자세히 살펴보면 수술이 보인다. 암꽃의 수술을 잘라 내부를 살펴보면 수술에서 꽃가루가 활성화되어 있어 단순히 암꽃이 아니라 양성화로 판명되었다. 독특한 암꽃 구조를 가진 셈이다. 이러한 점을 반영하여 이팝나무는 '수꽃양성화딴그루'로 변경했다. 따라서 암수딴그루가 아니라 수꽃나무 와 양성화나무로 구별할 수 있다. 꽃은 수꽃나무가 먼저 피지만 양성화나무가 꽃이 훨씬 더 풍성하게 피고 가을에 보라색 열매가 달린다.

왼쪽-수꽃나무/오른쪽-양성화나무

가끔 수입산 버지니아 이팝나무를 볼 수 있는데 꽃차례가 지난해의 가지에서 나오고 꽃은 비록 크지만 아래로 처지기 때문에 잎이나 가지 속으로 숨어버려 그 화려함은 이팝나무에 비하여 덜한 편이다.

이중휴면성으로 종자 번식이 까다롭지만 가을에 채취한 종자를 두 해 겨울 동안 노천매장 후 파종하면 잘 발아된다. 어릴 때는 성장속도가 느리지만 키가 2m 정도가 되면서 성장 속도가 빨라진다. 전정을 하지 않아도 스스로 수형을 갖춰 가지만 강풍에 가지가 잘 찢어진다. 청계천 복원사업에 대규모로 도입한 뒤, 전국적으로 이팝나무 수요가 폭증했다. 일시에 많은 수요가 발생하여 생산농가 대부분이 왕벚나무나 은행나무 대신 이팝나무 묘목을 구하여 키우기 시작했다. 가로수 수요공급이 어느 정도 안정이 되자, 이번엔 아파트 조경공사에 왕벚나무 식재 유행이 돌아왔다. 널뛰기 하듯이 이팝나무는 과잉 생산으로 가격이 폭락하고 왕벚나무는 구하기 어려워 가격이 급등했다. 조경수 시장에서 흔히 나타나는 현상이다.

청계천 이팝나무

이팝나무는 계곡이나 습지 주변 그리고 바닷가에서 주로 살며, 양지 바르고 토심이 깊은 사질양토의 비옥한 토지에서 생장이 양호하다. 공해, 염해, 병충해 그리고 추위를 잘 견디나 건조에는 약하다. 이식이 잘 되어 조경수로 많이 쓰인다. 2005년 10월 청계천복원 사업이 준공되었다. 이 때 심은 이팝나무는 얼마나 성장했을까? 아쉽게도 17년이 지났어도 별로 크지 않고 꽃도 풍성하게 피지 않는다. 원인은 보도 포장재를 화강석 판석으로 하여 빗물이 뿌리 쪽으로 스며들지 않는 데 있다. 식재 위치도 옹벽 바로 옆이라 뿌리가 뻗어 나갈 공간이 부족하다. 청계천을 내려다 보는 보행자 위주로 보도포장을 한 결과이다. 같은 시기에 식재한 건너편 회화나무는 훨씬 더 성장하여 풍성한 녹음을 자랑한다. 도시 가로수는 수종을 선정하는 것도 중요하지만, 식재 위치와 토양 그리고 보도 포장재를 면밀히 검토한 후 선정해야 한다.

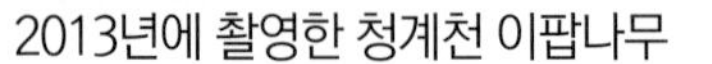
2013년에 촬영한 청계천 이팝나무

2023년에 촬영한 이팝나무(좌)와 회화나무

지금이라도 불투수성인 화강석을 투수성 포장재로 교체하면 수분 부족으로 신음하는 이팝나무가 훨씬 더 잘 성장할 수 있을 것이다

가로등이 많지 않던 시절에는 한밤중 어두운 밤길을 새하얀 눈처럼 밝혀주던 꽃나무로 사랑받았다. 보릿고개 시절 배고픔을 잠시라도 잊게 해주던 이팝나무는 지금은 꽃이 피는 가로수로 사랑받고 있다. 비록 꽃이 지고 난 뒤에 잎의 수량이나 가지의 발달이 다른 수종보다 떨어지지만 2주일 동안 도시를 아름답게 해주는 흰색 꽃 때문에 여전히 많은 지역에서 가로수로 선정되고 있다. 봄과 여름을 이어주는 멋진 나무로 도시환경에 반드시 필요한 나무이다.

때죽나무

Styrax japonicus (snowbell)

찬물로 세수한 청년의 얼굴

피천득 수필에 '5월은 금방 찬물로 세수를 한 스물 한 살 청신한 얼굴이다. 전나무 바늘 잎도 연한 살결같이 보드랍다.' 라는 구절이 있다. 이처럼 5월은 연초록 이파리가 숲을 가득 채우는 시기이다. 계절의 여왕인 5월에 들어서면 공원이나 가까운 숲에는 흰색 꽃들이 많이 피어난다. 팥배나무와 마가목꽃이 지고 나면 슬그머니 때죽나무 꽃이 보이는데 특이하게도 아래를 보고 무리 지어 핀다. 꽃은 주렁주렁 매달려 샹들리에 장식처럼 보인다. 가지나 열매에 독성이 있지만 꿀이 많아 벌과 나비가 즐겨 찾는 나무다. 진한 꽃향기가 나서 지나치기만 해도 달콤한 향기를 느낄 수 있다. 10일 정도 되는 개화기간이 끝나면 통꽃으로 떨어진다. 꽃이 진 자리마다 열매가 달려 가느다란 가지가 아래로 늘어진다.

늦은 봄에 이팝나무, 층층나무, 쥐똥나무, 산딸나무, 때죽나무, 국수나무 그리고 팥배나무 같이 하얀 꽃들이 많이 피는 이유는 녹음이 점점 짙어지므로 곤충의 눈에 잘 띄어야 하기 때문이라고 한다. 대부분 꽃들은 위나 옆을 향해서 피어나는데, 때죽나무와 쪽동백나무는 꽃송이가 아래쪽을 향해 핀다. 포도송이처럼 매달린 탐스러운 꽃송이를 눈에 가득 담으려면 때죽나무 밑에 누워서 위를 쳐다봐야 한다. 부끄러워서가 아니고 가느다란 끝가지에 많은 꽃들이 달려 무겁기도 하고 나중에 열매가 달리면 자연스레 아래로 늘어트리기 위함이다.

때죽나무

때죽나무라는 이름이 특별하듯이 그 유래도 많이 전해진다. 가을에 열리는 동그란 열매는 윗부분이 반질거리며 떼로 달려있어서 스님이 떼로 모여 있는 것 같다고 해서 '떼중' 나무라 부르다가 때죽나무로 변했다고 한다. 열매에 에

때죽나무 때죽나무 열매

고사포닌이라는 독성이 있어서 열매를 찧어 냇물에 담궈 놓으면 물고기들이 떼죽음을 당한다 하여 때죽나무라는 이름이 붙여졌다고도 한다. 또는 열매를 빻은 물로 빨래를 해서 기름때를 없애기도 하여 때를 쭉 뺀다는 뜻에서 '때쭉나무'로 불리다가 때죽나무가 된 것이란 이야기도 전해진다. 서양에서는 가지 끝에 매달린 꽃이 마치 흰 눈을 맞은 종처럼 보인다고 스노우벨(Snowbell)로 부르는데 비하여 우리 조상들은 식물이 가진 특성을 정확히 알아내어 일상생활에서 슬기롭게 이용하고 그럴듯한 이름을 붙여줬다.

쓰임새가 많다

우리나라 자생수목으로 숲 속에서 존재감 없이 지내다가 늦봄에 숲 속 그늘에서 하얀색 꽃을 피워 환하게 밝히고 산들바람을 타고 퍼지는 꽃 향기로 활력을 준다. 우리나라를 비롯한 동북아시아가 자생지이며 우리 숲 속에서는 흔하게 볼 수 있다.

꽃은 샹들리에 장식처럼 다발로 달린다

때죽나무속(*Styrax*)은 우리나라에는 때죽나무와 쪽동백나무 2종이 있다. 꽃은 거의 비슷한 모양이나 달리는 모습이 확연히 다르다. 가까운 산 길을 걷다가 두 나무가 나란히 꽃을 매달고 있으면 쉽게 구별할 수 있다. 샹들리에 장식처럼 주렁주렁 달린 꽃차례는 때죽나무다. 빨래줄처럼 길게 뻗은 가느다란 가지에 하나씩 매달린 것은 쪽동백나무이다. 꽃의 크기는 때죽나무가 크다. 또 다른 차이는 쪽동백나무 잎은 둥글고 넓은 모습으로 때죽나무 잎과 확연히 다르다.

가지와 열매에 강한 독성물질이 있어서 조심스럽게 다뤄야 한다. 혹시라도 부주의하게 때죽나무 가지를 어항에 넣게 되면 물고기들이 모두 죽게 되므로 주의해야 한다. 예전 우리 조상들은 이러한 독성을 이용하여 빗물을 소독했다. 물이 귀한 제주도 산간지역에서는 때죽나무 가지를 띠로 엮어 빗물이 타고 흐르도록 하여 저장해서 먹는 물로 사용했다고 한다. 일주일 정도 지나면 상하는 샘물과는 달리, 이렇게 보관한 물은 오래도록 상하지 않고 물맛도 좋아서 제사에 쓰기도 했다고 한다. 한편으로는 동학혁명 때 농민군이 때죽나무의 열매를 빻아 반죽하고 화약과 섞어 사용하여 살상력을 높혔다는 이야기도 전해진다. 때죽나무 열매로 약이나 독으로 다양하게 이용한 셈이다.

때죽나무 이름의 유래가 많다는 사실은 오래 전부터 우리 생활 속에 함께 한 나무라는 의미이다. 동백나무가 살 수 없는 중부지방 북쪽에서는 때죽나무 열매를 짠 기름으로 머릿기름이나 호롱불 기름으로 사용했다. 줄기는 매끈하면서도 곧고 단단해 목기나 농기구 자루를 만드는 목재로 많이 쓰였다.

unsung hero

때죽나무는 평범하게 생겨서 꽃이 피기 전에는 쉽게 찾기 어렵다. 그렇지만 꽃이 피면 모든 사람들의 시선을 한눈에 받는다. 잎은 평범한 모양을 가지고 있어서 구분하기 어렵지만 가지는 가늘고 매끄러워 다른 활엽수와 확연히 다르다. 숲 속에서는 키 큰 나무 그늘 아래에서 광합성을 하기 위해 가는 가지를 넓게 뻗는다. 능선보다는 습기가 있는 계곡에서 잘 산다. 키는 8m까지 자라는 소교목이다. 수평으로 길게 뻗는 줄기와 잎 모습이 고욤나무를 많이 닮았다. 때죽나무에서는 충영이라고 하는 곤충의 애벌레들이 살아가는 혹을 볼 수 있다. 충영은 식물의 줄기, 잎, 뿌리 등에서 볼 수 있는 혹 모양으로 부풀어 커진 부분으로 식물체에 곤충이 알을 낳거나 기생하여 이상 발육한 부분이다

때죽나무 충영(벌레집)

어느 소설가는 때죽나무 가지를 보고 '정말로 옷을 벗은 여자의 매끈하고 날씬한 팔이 남자의 몸을 끌어안듯 그렇게 소나무를 휘감고 있는 관능적으로 생긴 나무가 있었다.' 라고 묘사할 정도이다. 초여름 숲 속에는 온갖 생명체가 자신의 존재를 드러내는 시기이다. 대부분 나무들은 꽃이 져버린 후라 열매와 수피로 이름을 가늠할 수 밖에 없다. 다행히 열매가 달린 모습이나 그 모양으로 쉽게 알아 볼 수 있는 때죽나무는 이름표가 없어도 되지만, 대부분의 활엽수는 그 종류가 다양해서 심지어 식물전공자들도 헥갈려 한다. 오죽하면 분류학자끼리 동정(나무이름 정하기)하다가 다툰다는 일화가 있을까.

때죽나무는 우리나라 모든 산에서 쉽게 찾아볼 수 있을 정도로 흔한 나무이다. 일본 홋카이도에서도 살 수 있을 정도로 내한성이 강하다. 우리나라 때죽나무는 내한성이 강해 웬만한 강추위 속에서 살아 남아 외국 조경수 시장에서 큰 인기를 얻고 있다. 반면 우리나라 나무시장에서는 분홍색 꽃이 피거나 가지도 아래로 처지는 원예종 때죽나무을 판매하고 있다. 외국에서 수입하는 조경수는 대부분 꽃이 화려하고 수형이 아름답고 빨리 크는 편이다. 더구나 가격까지 자생종보다 싸다. 당연히 소비자들에게 더 많이 선택받아 널리 심겨지고 있다. 이대로 가다간 머지않은 장래에 도시 녹지는 외래종들로 대부분 채워질 것 같다. 우리 자생식물을 보려면 일부러 수목원에 찾아가야 할 지도 모르겠다. 기후변화 현상으로 많은 자생식물이 사라져 가고 있는데 도시에 심는 조경수는 우리 자생식물을 심는 것이 중요하다. 오랜 세월동안 보아왔던 경관을 외래종으로 채우는 것은 후세에게 큰 죄를 짓는 게 아닌가 한다.

양재시민의 숲에는 흰색 꽃나무가 없다

낮은 산에서 자라는 자생종으로 최근 들어 도시에 많이 심고 있다. 단풍나무나 느티나무 등으로는 다양한 경관을 만드는 데 한계가 있기 때문이다. 여러 나무가 어울려 살고 있는 숲의 모습을 도시에 재현하고자 하는 경향이 강해져서 앞으로도 때죽나무 같은 자생종 수요가 늘어날 수 있다. 도시 주변 둘레길이나 등산로 주변에서 쉽게 만날 수 있다. 열섬현상이나 공해물질에 찌든 도시환경에 적응을 잘 하는 편이다. 산을 찾는 사람들의 발길로 많은 식물들이 피해를 보고 있는데 때죽나무는 잘 살아남아 숲을 지키고 있다.

엄청나게 많은 꽃을 거의 수평으로 뻗는 가지 아래로 처지게 피우고 열매를 아래로 매달아 아름다움을 자랑하여 정원수로서 인기가 매우 높다. 특히 키가 그다지 높게 자라지 않으므로 가정의 소규모 정원에도 매우 잘 어울리는 수종이다. 병충해에도 강하니 도시에 심는 조경수로 적당한 나무이다.

서울로의 때죽나무 단풍

쪽동백나무

Styrax obassia
(Fragrant snowbell 玉玲花)

이웃 사촌

쪽동백나무 꽃 모습은 때죽나무와 닮은꼴이다. 때죽나무속(*Styrax*)인 두 나무는 꽃, 열매, 향기 그리고 수피 모습이 모두 비슷하고 잎과 꽃차례만 다르다. 때죽나무는 잎은 평범한 나뭇잎 모습인데 비해 쪽동백나무는 둥그스름한 잎이 오동나무만큼 커다랗다. 때죽나무는 잎겨드랑이에서 나온 꽃차례에 꽃이 2~6개씩 뭉치로 달리지만, 쪽동백나무 꽃은 20송이 정도가 모여 포도송이 같은 꽃차례를 이룬다. 나뭇가지 전체에 골고루 달리는 때죽나무와 다르게 커다란 잎사귀 사이에서 뭉게구름 모양으로 꽃이 핀다.

쪽동백나무 꽃

쪽동백나무(인천수목원)

동백나무보다 열매가 작기 때문에 쪽동백나무로 부른다. '쪽동백'이라는 이름은 기름을 짤 수 있는 열매를 상징하는 '동백'에 쪽배, 쪽방이나 쪽문에서처럼 '작다'라는 의미의 접두사 '쪽'을 붙인 것이라고 한다. 이름만 보면 동백나무와 관련이 있는 듯 하지만 사실은 사돈의 팔촌보다도 먼 사이이다. 그런데도 동백이라는 이름을 빌려 쓴 것은 동백나무처럼 열매로 기름을 짜서 머릿기름 등으로 이용하였기 때문이다. 오래전부터 여성들은 머리 단장을 할 때 동백기름을 최고로 꼽았다. 그러나 동백기름은 남부지방에서만 소량 생산되고 귀하다 보니 여염집 여인에게는 그림의 떡이었다. 그래서 손쉽게 구할 수 있는 쪽동백나무 열매로 기름을 짜서 사용하면서 '동백' 이름을 끼워 넣은 게 아닐까 한다. 또한 열매 기름을 짤 수 있는 생강나무를 강원도 산골에서 '산동백'이라고 부르는 것도 같은 이유일 것이다.

줄기와 열매

외국에서 때죽나무를 snowbell이라고 부르는데 쪽동백나무에는 향기가 좋다는 형용사를 더하여 fragrant snowbell 이라고 한다. 그러나 우리 숲 속에서는 비슷한 시기에 꽃이 피어 어느 나무가 향기가 더 좋은지 구분하기 어렵다. 쪽동백나무는 도시 근교 산자락에서 흔하게 볼 수 있다. 신록이 가득한 늦은 봄날에 가까운 둘레길을 걷다 보면 그늘 속에서 새하얀 꽃을 늘어트린 쪽동백나무의 꽃향기를 느낄 수 있다.

화이부동 (和而不同)

쪽동백나무와 때죽나무는 같은 때죽나무속 이라서 비슷한 점이 많지만 숲 속에서 살아가는 방식은 전혀 다르다. 쪽동백나무는 높이가 10m를 넘게 자라지만 때죽나무는 그런 경우가 드물다. 직경 10-20cm의 둥근 달걀모양으로 넓은 잎으로 숲 속 그늘에서 광합성을 하는 데 유리한 편이다. 열매는 때죽나무처럼 독성이 있는 것은 아니고 떫은 탄닌 성분이 많다. 목재는 재질이 치밀하여 가구재와 조각 재료로 사용한다. 쪽동백나무는 잎자루가 부풀어 커지면서 그 속에서 겨울눈이 만들어지고, 이른 봄에 햇가지의 붉은 색 껍질이 종이처럼 벗겨지지만, 큰 줄기는 짙은 회백색으로 매끈한 모습으로 자란다. 비가 오는 날에는 빗물에 젖은 검은색 줄기가 숲을 굳세게 지탱하는 기둥처럼 보인다.

잎이 상당히 넓다

녹음이 짙어지는 오월의 숲에 들어가면 아까시나무를 비롯하여 층층나무, 산딸나무, 때죽나무, 쪽동백나무 등 흰 꽃들이 유난히 많이 피어있다. 흰색 꽃은 향기와 함께 꽃가루받이를 도와주는 벌과 나비에게 보여주는 안내판이라고 할 수 있다. 흰 꽃이 피는 나무들은 꽃의 색을 화려하게 치장하는 대신 달콤한 꿀이나 꽃가루를 만들어 꽃가루받이를 도와주는 곤충들에게 충분히 보상해준다.

숲길을 걷다가 잠시 쉬면서 숲 속을 살펴보면 쪽동백나무 꽃송이들이 마치 눈이라도 내린 듯 바닥을 덮고 있는 것을 볼 수 있다. 통꽃으로 떨어져 한 곳에 쌓여 있는 것이다. 작은 개울에는 온갖 하얀색 꽃이 무리를 지어 물 위에 떠있다. 이처럼 쪽동백나무를 비롯한 다양한 흰색 꽃들은 봄날 조용한 숲속에서 평범함을 거부하며 다양한 경관을 만들고 있다.

굽은 나무가 선산을 지킨다

때죽나무가 가느다란 잔가지가 골고루 뻗어 나가는 데 비하여, 쪽동백나무는 곁가지 발달이 무질서하고 이리저리 굽어있다. 이처럼 가지 발달이 빈약하여 낙엽이 지고 나면 수형은 볼품 없어 보이는 편이다. 겨울철이 길어 낙엽활엽수의 잎이 떨어진 기간이 5개월이나 지속하는 우리나라에서는 나목의 모양도 조경수 선정시 중요한 조건이 된다. 느티나무나 단풍나무 같이 저절로 수형을 잡아가는 수종이 조경수로 선정되는 이유이기도 하다.

곁가지 발달이 빈약하다

30여년 전 주공아파트 조경공사에 쪽동백나무를 식재한 적이 있다. 주로 3m 내외 규격을 심었는데 조경수로 생산하는 수종이 아니라서 대부분 산에서 야생목을 캐다가 심었다. 현장에서 조경수를 식재할 때는 살리는 데 집중해야 한다. 현장에 도착한 나뭇잎을 제거하고 뿌리분이 마르기 전에 심어야 살릴 수 있다. 가지 전정도 최대한 많이 하여 이식한 나무가 잘 적응할 수 있게 작업한다. 그러다 보니 곁가지가 별로 없는 쪽동백나무는 식재하고 나면 지게작대기처럼 보인다. 당연히 식재후 모양 빠지는 수형이 문제가 되고 하자가 많이 발생하여 나중에 아파트 식재 수종에서 빠지게 되었다. 돌이켜 생각해보니 숲 속에 살고있는 모습은 괜찮은데 도시환경에 벌거벗은 모습으로 서 있기 부적당한 수형을 가졌다고 할 수 있다.

쪽동백나무(왼쪽)와 때죽나무(오른쪽)의 꽃차례 차이

2023년 3월에 환경부는 '도시내 식재 권장 자생식물 100종'을 제안했는데 쪽동백나무를 비롯하여 때죽나무, 층층나무, 귀룽나무 등이 포함되었다. 단순히 도시경관을 아름답게 꾸미는 방식에서 벗어나 도시내 생물다양성과 그늘 확보를 위한 식재 방식과 추천 수종을 제안했다. 다양한 수목이 식재되도록 식물종 선정 시 10-20-30 원칙을 적용하자는 것이다. 이 원칙은 수목 종류를 같은 종(species) 10% 이하, 동일 속(genus) 20% 이하, 같은 과(Family) 30% 이하로 선정하자는 것이다. 또한 신규 식재시 자생종을 우선 고려하고, 곤충 등 생물종을 유입하고 먹잇감이 될 수 있는 식이 · 밀원식물을 심고, 교목의 단순 식재보다는 환경 · 생태적 효과가 극대화되도록 교목 · 관목 · 초본이 어우러지는 다층식재를 권고했다. 이러한 흐름에 따라 점차 쪽동백나무 같은 자생식물 수요가 늘어나 재배 수량이 늘어날 것으로 예상된다. 환경부 제안처럼 앞으로 도시 녹지에 화려한 꽃과 정돈된 수형을 뽐내는 외래종을 대량으로 심는 것은 줄여 나가야 한다.

미운 오리 새끼

비옥한 사질양토에 토심이 깊고 적당한 물과 배수가 잘되는 곳에서 잘 자란다. 내한성이 강하여 전국 어디서나 월동하며 바닷가에서도 잘 자라고 내음성과 내병충성이 강하며 각종 공해에도 강하므로 도심지에서도 식재가 가능하다. 생장속도는 느리며 이식이 잘 된다. 도시 주변 등산로 부근에서 많이 보인다. 가을철에 샛노란 단풍이 드는데 생강나무의 노란색 단풍과 함께 숲 속을 환하게 밝혀준다. 생육이 왕성해 주변 활엽수와 경쟁에서 이겨낸 쪽동백나무는 10m 이상 크게 성장한다. 숲 속에 사는 쪽동백나무 대부분은 키 큰 나무 아래 그늘에 살고 있는데 넓게 가지를 펴 광합성을 한다. 도시 녹지에 독립수로 심는 경우 곁가지를 적당하게 뻗어 스스로 수형을 만들 수 있다.

큰 잎이 특징이다

쪽동백나무 단풍

용산역 앞에는 강제징용 노동자상이 서있다. 일제 강점기 시절 강제징용을 고발하는 조각이다. 역사의식이 있는 청소년들은 이를 기억하고 기념하는 상징으로 '잃어버린 시간을 찾아서'란 꽃말이 있는 쪽동백나무 꽃과 강제징용노동자들이 많이 끌려간 탄광을 상징하는 안전모가 그려진 로고를 만들었다고 한다. 앞으로 쪽동백나무 꽃을 보게 되면 잊지 말고 기억해야 할 뼈아픈 역사가 떠오를 것 같다.

산사나무(경의선 숲길)

산사나무

Crataegus pinnatifida
(May Flower 山査)

흰 꽃과 빨간 열매

우리나라에서는 남쪽을 제외한 모든 지방에서 볼 수 있는 나무이며, 토질을 크게 가리지 않고 잘 자라나 병충해 피해가 많이 생기는 편이다. 추운 지방에서 잘 자라고 화력이 좋아 장작으로 많이 쓰이며 목재에 탄력이 있어 다양한 가구의 목재로 사용한다. 한국의 평안도 지방이나 중국에서는 산사나무 가시가 귀신을 쫓아낸다는 민속신앙이 있어서 울타리로 많이 심었다고 한다.

산사나무는 일조량이 풍부해야 잘 자란다. 음지에서는 성장이 더디다. 햇빛을 좋아해 능선이나 숲 가장자리의 양지바른 곳에서 많이 볼 수 있다. 소교목이며 나무껍질은 회색이고 가지에 가시가 난다. 잎은 어긋나고 가장자리가 깃처럼 갈라지고 밑 부분은 더욱 깊게 갈라진다. 장미과인 산사나무는 5월에 흰색 꽃이 산방꽃차례로 탐스럽게 피어난다. 순백색의 꽃이 눈송이처럼 봄에 피어나고 가을에는 빨간 열매가 많이 달리는데 흰색 반점이 있다.

흰색 꽃/열매는 표면에 흰색 반점이 있다

전세계적으로 산사나무는 약 1천여 종에 있다. 미국산사나무(*Crataegus scabrida*)는 미국에서 들어온 낙엽관목으로서 산사나무와 비슷하지만 잎에 결각이 없고 가장자리에 톱니가 있으며 열매는 매끈하며 줄기에 길고 날카로운 가시가 있는 것이 특징이다.

서양산사나무(*Crataegus monogyna*)는 가시가 드물게 나고 열매 표면이 매끄럽고 광택이 난다. 오랫동안 유럽에서 식용과 의약용으로 사용한 나무이다. 우리나라 산사나무와 마찬가지로 서양산사나무는 잎가장자리가 들쑥날쑥한 모양인 결각이 뚜렷하다.

산사나무 미국산사나무 서양산사나무

가시가 있는 나무

나무는 스스로를 잘 지키기 위하여 다양한 방법을 동원하는데 줄기에 가시를 만드는 것도 하나의 방식이다. 가시가 있는 식물은 약용식물로 쓰이는 경우가 많다. 줄기에 돋는 가시의 종류는 경침(thorn), 엽침(spine), 피침(cortical spine)으로 구분할 수 있다. 경침은 줄기가 변하여 가시가 생기는데 탱자나무, 주엽나무, 석류 그리고 산사나무가 있다. 줄기에 붙어있는 가시는 줄기의 역할을 하기에 길이가 자라거나 잎이 자라기도 한다. 경침은 줄기와 한 몸이라 나무에서 잘 떨어지지 않는다.

엽침은 탁엽이 가시로 발달하는데 초피나무, 대추나무, 산초나무나 아까시나무가 이에 속한다. 엽침은 규칙적으로 가시가 달리는데 줄기나 곁가지가 굵어지면서 상대적으로 가시는 작아진다. 엽침은 잎이 나무에서 떨어지듯 나무에서 잘 분리된다. 어린이들은 아까시나무 가시를 떼어 손 등에 붙여 장난 치곤 했다.

미국산사나무 가시

피침은 나무껍질 층이 가시로 변한 경우인데 장미과 식물에 많다. 장미, 해당화, 두릅나무, 음나무 등이 있다. 가시는 불규칙하게 돋아난다. 나무껍질이 가시로 변한 것이어서 경침보다는 잘 떨어지고 엽침보다는 안 떨어진다.

산이나 들로 다니다 보면 식물 가시에 찔리는 경우가 자주 발생한다. 가시에 찔리거나 긁히면 상처가 나고 쓰리다. 가시는 수분을 조절하거나 초식동물로부터 자신을 보호하기 위한 역할을 한다. 가시가 달린 식물은 독은 없다고 하여 초봄에 나는 새순을 따서 나물로 먹기도 한다. 겨울이 되어 무성한 잎들이 모두 떨어지면 억센 가시가 달린 나무가 더 눈에 띈다. 아이러니하게도 남부지방에서 살고 있는 참나무과의 '가시나무(*Quercus myrsinaefolia*)' 줄기에는 가시가 없다.

탕후루와 산사춘

중국 요리 가운데 꿀이나 설탕에 절인 산사나무 열매를 후식으로 먹는데, 이를 '탕후루' 라고 하는데 주로 고기를 먹고 난 다음 먹는다. 탕후루는 산사나무 열매뿐만 아니라 다양한 과일을 잘게 만들어 꼬치에 꿴 뒤 설탕과 물엿을 입혀 만드는 중국식 과자이다. 말리지 않고 얼려서 만드는 빙탕후루 방식이 일반적으로 알려져 있다.

산사나무 열매로 산사주를 담그고, 차로 마시기도 한다. 전통적인 약재로 써서 위를 튼튼히 하고 소화를 도우며 장의 기능을 바르게 한다고 한다. 겨울철 들판에 먹을 게 부족할 때는 새들이 즐겨 먹는다. 한때 산사나무 열매로 만든 전통주가 옅은 분홍색 과일주로 인기를 끈 적이 있었다. 겨우 산사나무 열매 0.85%를 함유한 제품이지만 톡톡 튀는 광고 카피로 젊은 사람들이 즐겨 찾았다. 담금주를 좋아하는 사람들은 각종 나무 열매로 과일주를 직접 만들어 마신다. 매실, 오미자, 마가목 그리고 산사나무 열매인 산사자가 발효주로 많이 쓰인다.

산사나무 열매

May flower 또는 Winter King

'산사나무'의 영어 이름은 5월의 시작과 함께 꽃이 피기 때문에 'May Flower'로 부른다. 20세기 프랑스 노동절 시위 현장에서 18살의 여성 노동자가 사망하는 사건이 벌어졌는데, 당시 그녀는 산사나무 꽃을 안고 걸었다고 한다. 이후로 산사나무는 신성한 노동의 가치를 기념하는 노동절인 May Day를 상징하게 되었다. 또한 17세기 유럽의 청교도들이 아메리카 신대륙으로 건너갈 때 타고 갔던 배의 이름을 '메이플라워호'로 지었다. 재난을 막아주는 신성한 나무인 메이플라워(산사나무)가 희망의 땅으로 가는 험난한 여정을 보호해 줄 거라는 간절한 마음을 담았다고 한다.

고대 그리스에서는 산사나무는 희망을 상징하는 나무였다. 지금도 5월 1일이면 산사나무 꽃으로 꽃다발을 만들어 문에 매달아 두는 풍습이 있다고 한다. 로마에서는 산사나무 가지가 마귀를 쫓아낸다고 생각하여 아

산사나무 꽃

기 요람에 얹어두기도 했다. 기독교에서는 예수의 가시면류관은 산사나무로 만들지 않았을까 하는 전설이 전해지고, 성모마리아에게도 봉헌된 이 나무는 결코 번개를 맞는 일이 없었다고 믿었다. 예수의 머리에 닿았던 나무이기 때문에 사탄이 벼락으로도 건드릴 수 없었기 때문이라는 이야기가 전해진다.

2017년 방미한 문재인 대통령이 버지니아주 장진호 전투 기념비를 찾아 산사나무를 기념 식수했다. 문 대통령은 산사나무가 '겨울의 왕(Winter King)'이라는 별칭을 갖고 있다며 6 · 25전쟁 당시 매서운 혹한을 이겨낸 장진호 참전용사들의 투혼을 영원히 기억하겠다고 강조했다.

서울 봉은사에는 다양한 수종의 고목 가운데 산사나무가 있다. 봉은사 자문위원회 공식 명칭을 '산사나무 아래서'로 지었다. 봉은사를 상징하는 산사나무처럼 세상에 맑은 향기를 퍼트리고 이로운 열매를 매달아 나눠주자는 취지를 담고 있다. 이처럼 흰색 꽃, 억센 가시 그리고 빨간 열매까지 산사나무는 버릴 게 하나 없는 나무이다.

봉은사 산사나무

Summer

도시나무 오디세이

Storytelling of Urban Trees

Chapter 2. 여름

산딸나무(숭실대 캠퍼스)

산딸나무

Cornus kousa
(kousa dogwood 四照花)

아름다운 허세

가을에 빨갛게 익은 열매 모양이 산딸기를 닮아서 산딸나무라는 이름을 얻었다. 우리나라 어디서나 잘 자라고 5월 말부터 6월 초에 피어나는 흰색 꽃이 눈길을 사로잡는다. 하얀 나비 수백마리가 초록색 잎 위에 앉아 있는 것처럼 보인다. 감성이 뛰어난 수필가는 '넉 장의 식탁보' 또는 '흰꽃 바람개비'라고 묘사한다. 이처럼 독특한 모습을 가진 산딸나무 꽃은 사람마다 자신의 감성으로 다양한 비유가 나오게 한다.

산딸나무 꽃

숲은 초여름이 되면 초록색이 더욱 짙어진다. 산딸나무는 꽃이 피기 전까지 다른 나무에 가려져 존재감을 드러내지 않는다. 모든 나무가 진초록색으로 변해가는 숲에서 뒤늦게 꽃을 피우는 산딸나무는 벌과 나비 눈에 들기 위하여 아름다운 허세를 부린다. 조그맣고 볼품없는 산딸나무 꽃 옆에 꽃받침을 네 갈래로 펼쳐 진짜 꽃처럼 행세한다. 당연히 꽃잎인 줄 알았던 것은 꽃이 아니라 꽃받침 조각이다. 진짜 꽃은 4개의 꽃받침 조각 한가운데에 4개의 수술과 1개의 암술을 가진 둥근 모습으로 연노란색을 띠고 있다. 네 장의 꽃받침 색깔은 연초록색이었다가 서서히 하얀색으로 바뀐다. 가운데 작은 꽃과 하얀색 꽃받침이 어우러져 꽃처럼 보인다.

산딸나무는 층층나무속(*Cornus*) 집안으로 가지가 여러 층을 이뤄 성장한다. 별다른 특징이 없으니 독특한 모양의 흰꽃이 피어나야 산딸나무임을 쉽게 알아볼 수 있다. 숲속에서는 햇빛을 잘 받기 위한 경쟁으로 제멋대로 가지를 뻗은 경우가 많지만, 양지에서는 질서정연하게 자란다. 수형을 살펴보면 성장하는 가지가 나무 중심에서 방사형으로 하늘을 향해서 꼿꼿하게 자라다가 세월이 상당히 흐른 후에야 굵어진 가지가 지면과 평행하게 드리워지는 것을 볼 수 있다. 꽃이 활짝 필 때에는 가지가 그 무게를 견디지 못하고 아래로 기울기도 한다. 가을에 익는 새빨간 산딸기 모양의 열매는 새들에게 중요한 식량이다. 가을 단풍은 산수유처럼 진분홍색으로 물들어 눈에 잘 띈다.

산딸나무 열매

중국에서는 산딸나무를 사조화(四照花)라고 하는데 흰색의 꽃이 사방을 다 비춘다는 의미이다. 산딸나무의 영어명은 'Kousa dogwood'인데 'dogwood'는 옛날 서양에서 산딸나무의 껍질을 쪄서 나온 즙으로 개의 피부병을 치료한 데서 그 이름이 유래했다고 한다.

십자가 스토리텔링

산딸나무 꽃이 십자가를 닮은 것에 기대어 그럴듯한 '십자가 스토리텔링'이 만들어졌다.예수님이 로마 군인에게 처형될 때 산딸나무로 십자가를 만들었다는 설화가 전해졌다. 거기에 살을 더해 4장의 꽃잎은 십자가, 빨간 열매는 예수님의 피를 나타낸다는 상징을 부여했다. 당연히 기독교인들이 산딸나무를 성스러운 나무로 여기기 시작했다고 한다. 하지만 십자가 나무 전설은 과학적으로 불가능한 이야기에 불과하다. 사실 중동지방에서 산딸나무는 'common dogwood'라고 부르는 붉은말채나무(*Cornus sanguinea*)를 말한다. 키가 크게 자라지 않기 때문에 붉은말채나무로 십자가를 만들었을 가능성은 전혀 없다. 성서에 그러한 이야기가 없고, 로마시대 기록에도 십자가로 사용한 나무 이름이 없다고 한다. 오래 전 작자 미상 시에서 '십자가 모양의 꽃이 피고, 꽃 중앙에 가시 왕관이 있어 모두가 보고 나를 기억하리라' 라는 구절로부터 그러한 스토리텔링이 시작된 것이 아닐까 한다.

얼룩무늬 수피

이러한 스토리텔링과 관계없이 유럽 여러나라와 미국에서는 십자가 모양의 꽃을 피우는 산딸나무를 정원수로 많이 심는다. 꽃산딸나무(*Cornus florida*)는 미국 자생종 중에서 가장 아름다운 꽃나무이며 미국인이 가장 좋아하는

산딸나무 꽃 꽃산딸나무 꽃 원예종 산딸나무 꽃

꽃나무로 평가받는다. 미국의 공공시설은 물론 가정집에도 꽃산딸나무나 원예종들이 심겨져 있다고 한다. 20세기 초 일본이 미국 워싱턴에 왕벚나무를 선물한 답례로 미국이 일본 토쿄에 꽃산딸나무를 보낼 정도로 미국을 상징하는 꽃나무로 자리매김한다.

우리나라 산딸나무는 6월 초에 피는데 비해 꽃산딸나무는 4월경 벚꽃잎이 진 다음 꽃이 잎보다 먼저 피어난다. 나뭇가지가 보이지 않을 정로 풍성하게 핀다. 꽃잎처럼 생긴 꽃받침이 펴지기 전에는 작은 구슬처럼 둥근 모양이고, 핀 다음에는 끝이 오목하게 들어가 있다. 꽃받침 색깔은 핑크색 또는 흰색이다. 병충해에 약한 단점을 일본산 산딸나무와 교잡종을 만들어 극복하여 다양한 꽃산딸나무 원예종이 생겨났다.

'내려갈 때 보았네 올라갈 때 못 본 그 꽃'

유홍준 전 문화재청장은 산사에 핀 꽃 가운데 최고를 충남 부여에 있는 대조사의 '산딸나무'라고 〈나의문화유산답사기: 산사순례〉 책에서 밝혔다. '5월 말에는 화사한 꽃이 다 지나가고 녹음이 우거진 시절이어서 아무도 꽃을 기대하지 않았는데 절집에서 주차장으로 내려가는 돌축대에 산딸나무의 새하얀 꽃이 무리 지어 피어 있었다. 산딸나무 꽃은 나뭇잎 위로 피어나기 때문에 돌계단을 올라갈 때는 잘 보이지 않지만 내려오는 길에는 나무가 온통 흰 꽃을 뒤집어쓴 것 같아 누구라도 놓치지 않고 보게 된다. 서울에서 온 답사객들은 무슨 꽃이 이렇게 고우냐며 산딸나무 곁으로 모여들었다.'

산딸나무는 숲속 그늘에서 햇빛을 받으려고 가지가 제멋대로 뻗는다. 그러나 햇볕이 풍부한 양지에 조경수로 심으면 스스로 수형을 잡으며 멋지게 자란다. 식재 직후 가지에 힘이 넘칠 때는 꽃을 하늘을 향해 피어, 사람 눈에 가득 들어 오지 않게 된다. 하지만 시간이 흘러 가지가 옆으로 충분히 펴진 다음에는 꽃이 무성하게 달리면서 아래로 처지게 되어 꽃 전부를 한눈에 볼수 있게 된다. 아마 대조사에 심어놓은 산딸나무는 심은지 오래되지 않았을 것이다. 그러니 계단을 올라갈 때 스쳐 지나친 산딸나무 꽃을 계단을 내려오면서 한눈에 흰 꽃들의 무리를 발견했으니 최고의 꽃으로 예우해줄 만 하다.

심은 지 오래된 산딸나무 꽃은 잘 보인다

글로벌 마켓 오프닝

토심이 깊고 비옥한 토양에서 잘 자라며 응달에서도 잘 자라지만 양지에서도 적응을 잘한다. 햇볕이 풍부한 곳에서는 꽃이 더 새하얗게 피지만 반그늘에서는 단풍 색깔은 좋으나 꽃이 빈약할 수 있다. 건조에 적응하나 공중습도가 건조하면 잎 끝이 마르는 현상이 나타난다. 얕게 심어야 하고 지나치게 많은 비료를 주면 죽는 경우가 있으므로 조심해야 한다. 대체로 조경수에는 일부러 비료를 주는 것은 바람직하지 않다. 비료 성분으로 웃자라게 되면 수세가 약해져 병충해 피해를 받을 수 있기 때문이다. 배수가 잘 되는 토양을 좋아하며 습기가 있는 토질이 좋다. 추위에 강하지만 공해에는 약한 편이고 생장 속도도 느린 편이다. 염분에 대한 내성이 낮아 바닷가에서는 키우기 어렵다. 나중에 가지가 넓게 펴지는 것을 감안하여 작은 규격을 심을 때에도 식재 간격을 유지해 주는 것이 좋다.

산딸나무와 수입하는 꽃산딸나무는 모두 약산성(pH6 내외) 토양에서 잘 자란다. 분홍색 꽃받침을 자랑하는 꽃산딸나무의 경우 pH가 중성에 가까우면 색이 옅어진다고 한다. 수입산은 추위와 병충해에 약해서 그런 현상이 발생하는 게 아닌가 한다.

산딸나무 원예종(스칼렛파이어)

미국산 꽃산딸나무

우리나라처럼 무더운 여름 더위와 혹독한 겨울 추위를 견뎌야 하는 자연환경에서 외래종인 꽃산딸나무를 미국에서와 같이 아름답게 꽃을 피우게 키우는 것은 쉽지 않다고 한다. 특히 겨울철의 저온 저습한 기후조건으로 건조 피해를 받기 쉬운 우리나라에서는 수입 원예종 나무들이 적응하기 어렵다고 한다. 이를 극복하기 위하여 미국 자생종을 개량한 원예종의 수입량이 증가하고 있다고 한다.

요사이 전세계로부터 다양한 원예종 식물의 수입이 증가하고 있다. 갈수록 화려한 경관을 좋아하는 소비자가 늘어나기 때문이다. 그러나 외국에서 수입하는 나무는 우리나라에서 적응해 가는 것이 쉽지 않다. 기후변화로 한반도 온난화가 심해지고 있으니 가뭄이나 혹독한 추위에 견딜 수 있는지 면밀히 검토해야 한다. 수입하는 식물들은 몇 년 동안 잘 살다가 어느 순간 죽을 수도 있다.

산딸나무의 단풍(서울숲)

층층나무

Cornus controversa (dogwood 端木)

'아라우카리아' 처럼

망종 절기인 6월 초순에는 보리를 베고 논에 모를 심는 시기이다. 여름으로 접어들면 나무들 대부분은 진녹색으로 변하고 고온다습한 여름을 맞을 채비를 하게 된다. 다양한 나무가 어우러진 숲에서 아주 쉽게 찾을 수 있는 나무가 있다. 위로 쭉 뻗은 줄기와 층층으로 곁가지를 뻗은 모습을 가진 층층나무가 주인공이다. 층층나무라는 이름은 옆으로 뻗은 가지 모양이 여러 층을 이루는 특징에서 유래되었다고 한다. 층을 이루고 있는 독특한 수형과 지렁이가 기어간 듯한 수피로 쉽게 알아볼 수 있다. 우리나라 전역에서 자라고 수분이 많은 계곡을 좋아한다. 나무 가지 하나에 여섯개의 잎이 달린다. 층을 이

층층나무(양구 DMZ자생식물원)

산딸나무(용인시)

룬 나뭇가지 위에 눈 쌓인 것처럼 무더기로 꽃이 핀다. 꽃 뭉치는 수많은 작은 흰색 꽃들로 채워져 있고, 각각의 꽃은 꽃잎이 열 십자 모습을 하고 있다. 봄철 수액이 흘러나오게 되면 줄기를 주황색으로 물들인다고 한다. 층층나무의 수액은 물처럼 투명하지만, 공기 중에 노출되면 산화하거나 곰팡이에 오염되면 색깔이 변한다고 한다.

'이복형제' 처럼

중부지역의 숲에는 층층나무속 나무 종류로 층층나무, 산딸나무, 말채나무가 있다. 세 나무 모두 가지가 여러 층이 발달하고 엽맥이 잎 가장자리를 따라 나란히 배열되는 공통점을 가지고 있다. 잎의 배열과 잎맥을 살펴보면 층층나무는 어긋나고, 산딸나무와 말채나무는 마주 난다. 층층나무 엽맥 모양은 기하학적으로 완벽하다고 할 수 있다. 보통의 엽맥 구조는 잎의 가운데에 중심 엽맥이 있고 가장자리 쪽으로 엽맥을 뻗는다. 그러나 층층나무는 중심 엽맥에서 가지 엽맥이 곡선을 그리면서 잎의 꼭지점을 향하는 모습을 보인다. 이와 같은 엽맥 구조는 층층나무속 나무의 공통적인 특징이다. 같은 층층나무속인 산수유도 이런 엽맥 구조를 가지고 있다.

이들 나무 가운데 나뭇가지가 층을 이루는 모습을 비교해보면 층층나무가 가장 확연히 드러내는 편이다. 말채나무는 나무껍질이 감나무처럼 심하게 갈라지며 생장이 느려서 10m 정도밖에 크지 못한다.

층층나무 잎 | 산딸나무 잎 | 산수유 잎

나무질이 치밀하여 산벚나무, 돌배나무와 함께 고려시대 팔만대장경을 새기는 목판으로 이용됐다.

'외돌괴' 처럼

층층나무는 별명이 많은 나무다. 옆 가지가 만들어내는 층이 뚜렷하게 보여 '아파트나무'라고 불리며, 계단 모양의 가지가 마치 등대처럼 보인다고 해서 '등대나무' 라고도 부른다. 줄기가 위로 올라가면서 뚜렷하게 층이 져 있는데다 작은 가지들이 부챗살 펴놓은 것처럼 펼쳐져 자란다. 하지만 다 자란 나무의 크기는 엄청나게 큰 거목은 아니다. 그러나 가지런히 층을 이루며 자라는 모습을 보면 이 나무의 한자 이름인 '단목(端木)'이 바로 이해된다. 나무의 모습이 곧고, 단정해서 곧을 단(端)자를 쓰고 있다. 이 밖에도 '육각수'라고도 부르는데 줄기 하나에 여섯 개의 잎을 달고 있기 때문이다.

층층나무 꽃과 열매

그러나 좋은 이름으로만 부르는 것은 아니다. 층층나무는 옆가지를 넓게 뻗어 햇볕을 독차지 하려는 욕심이 많은 나무다. 그래서 주변에 있는 다른 나무와 경쟁에서 여유있게 이기는 편이다. 여러 층으로 올라가면서 펼치는 나뭇가지와 잎, 그리고 꽃이 달린 모양을 보면 이웃 나무에 햇볕을 빼앗기고 싶은 생각이 하나도 없다. 그래서 층층나무를 '숲속의 무법자'라고 부르기도 한다. 그렇지만 층층나무는 자작나무나 전나무처럼 무리를 지어 자라지는 않는다. 같은 종끼리 경쟁을 피하려고 독립수로 자란다. 20m 정도로 높게 자라며 가지가 여러 층을 이루어 우산 모양으로 세력을 넓혀가는 생태 특성을 가지고 있다고 한다.

이웃한 다른 종에게는 피해를 주는 층층나무지만, 같은 종과 경쟁을 피하기 위하여 무리를 짓지 않고 멀리 떨어져 살려는 노력은 무척 합리적인 생존전략을 보여준다. 넓은 숲에서 외톨이로 떨어져 한 나무씩 자라야 생존경쟁에 유리하다는 것을 잘 알고 있는 듯하다. 숲 속 대부분 나무들은 물과 햇빛을 적당히 나누며 사이 좋게 살아간다. 층층나무는 그러한 방식을 거부하는 돌연변이 나무라고 할 수 있다.

가지를 넓게 뻗는다

'우사인 볼트' 처럼 빠르고 키가 크다

20여년 전부터 다양한 경관을 조성하기 위하여 조경수로 사용하기 시작했다. 배수가 잘되는 비옥한 사질양토에서 잘 자라며, 햇볕을 좋아하는 양수이지만 음지에서도 적응한다. 토질이 나쁘거나 메마른 곳에서는 잘 적응하지 못한다. 이식력은 좋은 편인데 가을에 낙엽이 진 후부터 초봄 사이가 이식 적기이다. 건조와 병충해에 잘 버틴다. 생장이 빠르고 크게 자라며 가지와 잎이 무성하고 흰 꽃뭉치가 아름다우므로 꽃나무와 녹음수 용도로 심는다. 주위의 나무와 어울리지 않고 가지를 넓게 뻗어 자리를 많이 차지한다. 성장이 너무 빠르고 커다랗게 자라 주택 정원에는 심기엔 부담스럽다. 넓은 녹지에 독립수로 식재하는 것이 바람직하다. 동절기에는 독특한 색깔의 가지를 넓게 펴고 있어서 쉽게 알아볼 수 있다.

양지바른 비탈면에서 잘 자란다

겨울철에는 붉은 색깔로 쉽게 알아볼 수 있다

망종 절기를 전후해서 올해 새로 난 가지 끝에 조그만 우산 모습의 흰색 꽃을 무성하게 피운다. 층층나무 꽃이 지고 나면 본격적으로 여름 더위가 시작되고 넓게 뻗어 나간 촘촘한 가지들이 층을 이뤄 질서 정연한 나무 모습을 갖춘다. 꽃이 달렸던 자리에 달리는 열매는 새들의 귀중한 겨울철 먹거리가 된다.

양버즘나무

Platanus occidentalis
(American sycamore 美桐)

소크라테스와 플라타너스 그늘

학교 운동장에 자라는 양버즘나무

낙엽활엽교목으로 성장속도가 빠르고 큰 나무로 자란다. 자라면서 수피가 비늘처럼 벗겨지고 열매가 탁구공 크기의 방울 모양으로 달린다. 가지와 잎이 무성하고 이식이 잘 되므로 가로수로 널리 심고 있다. 양버즘나무는 가로수로 선정될만한 조건을 모두 갖추고 있는 나무라고 할 수 있다. 우리나라 기후와 풍토에 적당하고 커다란 잎은 도로변 소음과 미세먼지를 흡수하는 기능이 뛰어나다. 여름철에 시원한 그늘을 만들고, 가을 낙엽은 치우기 힘들지 않다. 도시의 건조, 열기, 대기오염과 같은 온갖 스트레스를 이겨낼 수 있으며 강한 전정을 하더라도 생육에 아무런 지장이 없다.

우리나라에서는 양버즘나무(*Platanus occidentalis*)가 대부분이고 그밖에 버즘나무(*Platanus orientalis*)나 단풍버즘나무(*Platanus acerifolia*) 등이 보기 드물게 있다. 북미대륙 동부가 원산지인 양버즘나무는 잎의 넓이가 길이보다 길고 열매는 한 줄에 한 개만 달린다. 서아시아에서 지중해에 이르는 지역이 원산지인 버즘나무는 잎의 넓이가 길이보다 짧아 잎이 날씬하게 보이는데 한 줄에 열매가 3개 이상 달리고, 원예종인 단풍버즘나무는 잎 길이와 넓이가 비슷하고 열매는 한 줄에 여러 개 매달고 단풍잎 모습을 많이 닮았다.

양버즘나무(서울시내 가로수)

양버즘나무　　버즘나무　　단풍버즘나무

기원전 5세기경 고대 그리스에서는 버즘나무를 가로수로 심었다고 한다. 고대 기록에 따르면 의학의 아버지로 불리는 히포크라테스는 버즘나무 아래서 제자들에게 의술을 가르쳤다고 한다. 그리스 코스섬에는 이 버즘나무 후계목이 있어 많은 관광객이 찾는 명소로 유명세를 타고 있다. 다른 나라 유명 의과대학에선 이 후계목의 후계목을 분양받아 귀하게 키우고 있다는데 동숭동 서울 의대 앞의 히포크라테스 동상을 아무 관련도 없는 느티나무 아래 세워 놓았다. 플라톤이 쓴 「파이드로스」에는 도심을 벗어난 강가에서 제자와 대화를 나누는 소크라테스의 이야기가 나온다. 평소 아테네의 시장통을 떠돌던 소크라테스가 여름날 강변에 있는 버즘나무 그늘에 앉아 아름다운 풍경에 감탄하는 모습이 나온다. 지중해성 기후에서 버즘나무는 커다랗게 자라서 그늘을 만들어 교육이나 행사 장소로 사용했다는 기록이 남아있다.

콩나물 시루

양버즘나무는 서울시 가로수 가운데 두 번째로 많은 18%를 차지하고 있다. 오래 전부터 가로수로 많이 심은 이유는 대기오염 물질을 잘 흡수하고 토양을 정화시키는 나무로 도시의 각종 공해물질에 잘 견디기 때문이다. 그러나 십여년 전부터 어린 잎의 뒷면에 나는 털이 기관지 알러지를 일으켜 인체에 유해하다고 알려져 가로수에서 퇴출되고 있는 중이다. 그렇다고 해도 면역력이 약해진 사람 때문에 일어난 일을 가로수 탓으로 돌리는 것은 잘 못 하는 일이라고 할 수 있다.

초미세먼지가 온 국민의 관심사가 될 때 가장 먼저 떠오르는 나무가 양버즘나무이다. 잎과 잎자루에 빽빽한 흰색털은 미세먼지와 오염물질을 잘 흡착하여 공기정화 능력이 뛰어나다. 수분 증산을 활발하게 하여 도시의 열섬현상을 누그러뜨린다. 왕성하게 자라 이산화탄소 저장 능력이 뛰어나고 큰 잎은 여름철에 넓은 그늘을 제공한다. 또한 건조한 도시환경에서도 잘 자란다. 이런 장점으로 가로수로 많이 심었지만 거대 수목으로 자라게 되면 열악한 가로환경 때문에 단점으로 둔갑한다. 가로수 아래 불량한 토양 때문에 뿌리가 얕게 자라고 빠른 성장으로 아름드리 나무가 되면서 주변 아스팔트포장, 경계석 및 보도블럭을 들고 일어난다.

강전정한 가로수

깍두기 모습으로 전정한 가로수

양버즘나무는 제대로 성장하려면 넓은 공간이 필요한 수목이다. 그런 나무를 좁은 인도에 심어놓으니 뿌리도 제대로 자라지 못한 채 성장하여 강풍에 쓰러지거나 주변 시설이 파손되는 피해가 발생할 수 밖에 없다. 게다가 도시경관을 위한다는 명분으로 가로수 전정을 자주 하긴 하는데, 아무런 학술적 근거도 없이 가지를 잘라 수세를 아담하게 가꾸곤 하지만 원래 양버즘나무는 자연스럽게 거대 수목으로 자라는 나무이다.

높게 자라면서 건물을 가린다던가 전기줄에 영향을 주는 일이 발생하여 가지치기를 자주 한다. 예전에는 예산 부족으로 '닭발' 가지치기라는 비아냥을 받은 적이 있었다. 지금은 가지치기할 때 어느 정도 가지 생육을 감안하여 균형을 잡으며 하고 있다. 그러나 양버즘나무의 장점인 커다란 수형을 줄이는 방식으로 하는 것은 여전하다. 아무런 이익도 없는 가지치기를 지방정부마다 경쟁적으로 하고 있다. 한 술 더 떠서 파리 가로수 형태를 흉내내어 깍두기 모양으로 매년 가지치기를 하고 있다. 가로수의 존재 이유를 잊어버리고 외모지상주의에 빠진 것 같다.

오래된 미래의 가로수

충북 청주의 가로수길은 높이 10m가 넘는 양버즘나무 1천여 그루가 서로 가지를 맞닿어 긴 나무 터널을 이루는 것으로 널리 알려졌다. 커다란 잎사귀들이 그늘을 만들어 밝은 대낮에도 어둑어둑해질 정도였다고 한다. 이 길은 1952년에 황량한 비포장길에 키 1m가량의 어린 플라타너스 묘목 1600여 그루를 심어 만들어졌다. 1970년대 초반 4차로로 늘리는 도로확장공사가 진

청주 양버즘나무 가로수길 ©한국도로협회

행되면서 가로수가 모조리 잘려나갈 위기에 처했다. 벌목 대신 이식으로 공사 계획이 변경 되었지만 공사 과정에서 수백 그루가 죽었다. 오래된 가로수를 생명체가 아닌 도로시설물로 여기는 근시안적 사고방식 때문이다. 이제는

가로수길의 멋진 모습은 영화 「만추」나 드라마 「모래시계」의 한 장면에서 볼 수 밖에 없다.

'꿈을 아느냐 네게 물으면 / 플라타너스 / 너의 머리는 어느덧 파아란 하늘에 젖어 있다' 라고 시작하는 '플라타너스'라는 시를 쓴 김현승 시인이 오래 살았던 광주 양림동의 가로수는 양버즘나무였다. 시 속에 등장하는 나이 든 플라타너스 가로수는 도시재개발이라는 시장논리로 흔적도 없이 사라졌다. 그렇게 김현승의 시 「플라타너스」가 탄생한 무대는 사라졌다. 예향의 도시 광주에서도 무신경하게 이럴진 데 다른 도시에서 심어놓은 플라타너스는 파리 목숨이나 마찬가지이다.

프랑스나 독일의 경우 도시에 가로수를 식재하는 경우 특별한 관리를 하여 가로수용 수목으로 재배한다. 줄기가 곧고 수관이 균일한 형태로 치밀하게 키운다. 묘목 시절부터 지주대에 묶어 곧게 자라게 하고 아래쪽 잔가지들은 전정하여 지하고 2.2m 내지는 4.5m의 나무를 길러낸다. 보행로나 도로변에 적당한 규격을 심고 최소한 3회 이상 뿌리돌림 한 나무를 식재하여 즉시 가로 경관을 좋게 하는 방식으로 한다. 예산을 많이 써서라도 이렇게까지 하는 이유를 물어보면 키가 낮아도 일정한 수형을 가진 나무를 도로변에 심어야 가로 경관이 바로 완성된다고 설명한다. 그에 반해 우리는 어떤가? 대부분 관청에서 조경업체에게 도급계약을 체결해서 가로수를 구해 식재하도록 하는데, 수형이 들쑥날쑥하여 식재한 직후 볼품없는 결과가 나오는 게 현실이다. 가로수 만큼은 외국처럼 수형을 잘 가꾼 나무로 심는 정책을 펼쳐야 한다.

단풍 든 양버즘나무

인정받지 못하는 운 나쁜 사람

6.25 전쟁이 끝난 후 도시 재건을 할 때 가로수로 양버즘나무나 미루나무를 많이 심었다. 묘목을 심어도 잘 적응하고 빨리 크는 장점이 있기 때문이다. 미국에서 들여온 양버즘나무는 나무껍질이 비늘처럼 떨어지면서 만들어지는 무늬가 애들 얼굴에 버즘('버짐'의 옛말)이 핀 것 같다고 해서 이름을 그렇게 지었다. 지금 시대에 버즘이 핀 얼굴을 하고 있는 어린이도 없는데 여전히 양버즘나무로 부르는 게 영 마뜩잖다. 이제는 '방울나무'로 바꾸는 게 어떨까 한다.

암수 한그루이며 수꽃은 연초록색, 암꽃은 가지 끝에 자주색으로 피는데 강전정을 해놓은 가로수에서는 거의 찾아볼 수가 없다. 열매 모양은 처음에는 단단한 방울이지만 나중에 겉에 붙은 씨앗들과 안쪽을 채우고 있는 털로 분해된다. 씨앗은 가벼운 털 때문에 바람에 실려 멀리 날아갈 수 있다. 씨앗은 껍질이 단단해서 발아시키기 어렵다. 대부분 봄철에 삽목을 하여 묘목을 생산한다. 크게 자란 나무를 이식하는 경우에 뿌리 분을 만들지 않아도 되는 유일한 나무이다. 저렇게 이식해도 살까 할 정도로 굵은 뿌리를 대충 잘라서 심어도 잘 산다.

남에게 은덕을 베풀면서도 쓸모 있다는 인정을 받지 못하는 운 나쁜 사람 이야기가 이솝 우화에 나온다. 덕을 베푸는 양버즘나무보다 그늘 아래 쉬는 나그네의 모습을 보고 나 자신을 돌이켜 보게 되었다. 누군가에게 덕을 받고 있으면서도 그것을 알지 못하고 오히려 화를 내는 사람들이 있다. 우리의 모습이 혹시 나그네와 같지 않은가를 경계해야 한다. 우리는 나그네이기도 하고 때로는 양버즘나무일 수도 있는 것이다.

모감주나무(삼육대학교)

모감주나무

Koelreuteria paniculata
(goldenrain tree 栾)

구스타프 클림트의 황금색

모감주나무는 하지 절기 전후부터 꽃을 피우기 시작한다. 공교롭게도 장마가 시작할 때 꽃을 피우기 시작해서 장마가 그치면 꽃이 다 떨어지니 장마의 시작과 끝을 모감주나무 꽃과 함께 하는 셈이다. 여름철에 노란색 꽃을 피우는 나무는 드물어 여러 나무들 사이에서 눈에 금방 들어온다. 영어 이름은 'Golden rain tree'인데 꽃이 떨어지는 모습이 황금비가 오는 듯하다고 해서 붙여졌다. 황금색 꽃 물결이 나무 전체를 뒤덮을 정도로 풍성하게 핀다. 화려한 꽃 색깔은 황금빛 화가인 구스타프 클림트가 즐겨 사용한 황금색을 떠오르게 한다.

수꽃과 양성화 한그루로 꽃의 대부분은 수꽃이고 양성화가 일부 섞여 있다. 수꽃은 수술이 길고 긴 털이 밀생하고 양성화는 가운데 암술이 솟고 수술은 짧다. 꽃잎은 4개인데 처음에는 모아져 있다가 나중에 뒤로 젖혀지고, 안쪽 부속체 부분은 차츰 붉은색으로 변하여 꽃의 아름다움을 더한다. 양성화는 수꽃보다 늦게 피고 수꽃이 떨어진 다음 뒤늦게 떨어진다. 암꽃 역할을 하는 양성화가 늦게 피는 것은 자가수분을 피하려는 것이다.

꽃이 지고 난 뒤 나뭇가지 끝에 꽈리모양의 열매가 달린다. 독특한 모습을 가진 연두색 세모꼴 열매는 가을에 황갈색으로 단풍과 함께 은은하게 물든다. 굵은 콩 만한 크기의 열매로 염주를 만들었다 하여 염주나무라고도 불린다.

지속가능한 개발

자생지란 어느 생물종이 자연 그대로 사람의 보호를 받지 않고 번식하여 계속 살아가는 본래의 지역을 말한다. 자생종은 자생지에 오래 전부터 저절로 퍼져서 살고 있는 종을 말한다. 모감주나무는 동북아시아에서 자생하는 세계적인 희귀종이다. 처음에는 우리나라 모감주나무 자생지가 주로 섬이나 바닷가에 분포하고 있어서 중국에서 모감주나무 열매가 해류를 타고 우리나라에 건너왔다는 주장이 많았다. 하지만 포항, 완도, 백령도 등 바닷가 외에도 안동, 대구 등 내륙지방에서도 자생지가 발견되면서 중국에서 온 것이 아니라 우리 자생종이라는 주장이 정설로 굳혀져 가고 있다.

바다를 조망할 수 있는 토지는 부동산업자의 개발대상지로 인기가 높다. 바닷가에 있던 모감주나무 자생 군락은 도로개설과 휴양지 건설 등 각종 개발로 급속하게 훼손되고 있다고 한다. 자생지를 잘 지켜내어 우리 모두의 자산으로서 현재 세대와 미래 세대를 위하여 보전해야 한다. 생물자원은 지속가능

황금비처럼 꽃잎이 떨어지는 모습

한 이용을 위하여 체계적으로 보호되고 관리되어야 한다는 정책이 확고하게 뿌리 내려야 한다. 생태적으로 중요한 토지의 개발과 이용은 생물다양성의 보전 및 생물자원의 지속가능한 이용과 조화를 이루어야 한다.

영광군 대초마을 해안가에 자생하는 모감주나무 군락은 특이하게도 암벽 급경사지에 군락을 이루고 있다. 이 마을 모감주나무 군락은 해안도로가 개설되면서 많이 훼손됐다. 지역 주민들이 잘려나갈 위기에 빠진 모감주나무를 마을 길이나 농경지 가장자리 등에 옮겨 심어서 마을의 깃대종으로 살려 놓았다. 생태관광이 활성화되면 모감주나무로 많은 사람들이 찾게 될 것이다.

미니멀리즘

도시에서 모감주나무 숲을 보려면 서울 건대역 사거리에 있는 고층빌딩앞 녹지대에서 찾을 수 있다. 박스 구조물을 만들어 흙을 넣어 녹지를 만들고

녹지 전체 식재한 모감주나무(건대역 인근)

스트로브잣나무와 모감주나무 두 종류만 식재하여 미니멀리즘 조경양식의 본보기를 보여주고 있다. 6월 하순부터 모감주나무 꽃과 인근 도로구조물 벽에 자라는 능소화 꽃이 경쟁적으로 피어 인상적인 도시 경관을 만들고 있다. 살풍경한 도시공간에 원색의 물감을 덧칠한 것처럼 보인다. 이 곳에 모감주나무를 대량으로 식재한 2009년 이후부터 공원이나 아파트 녹지에 널리 식재되기 시작했다. 그 전까지는 식재한 직후 꽃이 제대로 피기까지 2~3년이 걸린다는 이유로 많이 심지 않았다.

2002년 한일월드컵을 유치하고 나서 상암동 월드컵경기장을 짓기 시작했다. 서울에서 가장 낙후된 지역인 상암동 부지 주변에 오수처리장과 난지쓰레기장이 있었다. 월드컵행사를 준비하면서 수십년간 서울시민이 버린 쓰레기 산을 흙으로 덮고 녹화공사를 하였다. 북쪽 경사면에 각종 낙엽수를 식재하였는데, 척박한 토양에 잘 사는 모감주나무를 대량으로 심었다. 20여년이 지난 오늘날 풍성한 숲을 이루고 있다. 아직 널리 알려지지 않아서인지 찾는 사람들이 많지 않지만, 한 번이라도 여기 꽃길을 걸어본 사람은 그 아름다움에 감탄할 것이다.

난지도 녹지처럼 넓은 공간에 식재하면 잘 자라는 나무이다. 공원이나 아파트 녹지에 식재할 경우 나중에 큰 나무로 성장하는 크기를 감안하여 식재 위치를 정해야 한다. 작은 규격을 모아심기하는 경우라도 적당한 간격을 유지하여 나중에 이웃 나뭇가지가 서로 간섭하지 않도록 주의해야 한다.

난지도 하늘공원 북측도로

다함께 번영

내한성이 강하여 우리나라 모든 지역에 심을 수 있다. 염분, 가뭄, 대기오염에 강하고 거름기 없는 척박한 토양에서도 잘 산다. 햇볕을 좋아하지만 그늘에서도 적응을 잘 하며 뿌리가 깊게 뻗어 강풍에도 넘어지지 않는 편이다. 어릴 때는 성장이 느려 나무 모양이 볼품 없으나 커지면서 성장속도가 빨라지며 가지가 치밀하게 발달한다. 봄에 비교적 늦게 새잎이 나오고 가을 단풍은 빨리 든다. 초여름에 노란색 꽃이 피어 나무 전체를 뒤덮는다.

장마철에는 꽃을 피우는 나무가 드문데 초록색 잎을 배경으로 황금색 꽃을 폭죽처럼 피워 존재감을 확실히 드러낸다. 여름날 온 세상이 초록빛으로 가득할 때 눈에 잘 띄는 노란색 꽃은 황금빛에 가까울 정도로 주변를 환하게 밝힌다. 공원이나 넓은 녹지에 대량으로 군식하는 곳에 적당한 나무라고 할 수 있다. 바닷바람에 잘 견디어 해안가 녹지나 방풍림으로도 많이 식재한다. 장마철에 꽃을 피워 양봉하는 이들이 밀원식물로 좋아하는 나무이기도 하다. 이식이 잘 되는 3m 이하 규격은 수형이 좋지 않아 여러 나무를 모아서 심는 것이 좋다. 도시의 열악한 환경에서도 잘 자라 대규모 군식 용도로 많이 쓰인다. 난지도 경사면과 같은 오염 토양에서도 적응을 잘한다.

지난 2018년 평양 남북정상회담 시기에 서울에서 가져간 모감주나무로 평양에 기념 식수를 하였다. 모감주나무는 '번영'을 상징한다고 한다. 우리 세대에 남북이 함께 '번영'하여 통일을 앞당기자는 희망의 메시지를 그 곳에 남겼는데, 모감주나무가 화려한 꽃을 피울 수 있을지 궁금하다.

꽈리 모습인 모감주나무 열매

배롱나무 모아심기

배롱나무

Lagerstroemia indica
(Grape Myrtle 자미화 紫薇花)

100일 동안 꽃이 핀다

무궁화, 자귀나무와 함께 우리나라 여름에 꽃이 피는 중요한 조경수라고 할 수 있다. 추위에 약하기 때문에 중부지방에서는 동절기 대비를 해야 겨울 추위를 이겨낼 수 있다. 백일동안 꽃이 계속 핀다고 하여 과거에는 '백일홍'으로 부르기도 했는데, 빠르게 발음하면 '배롱'으로 들려 '배롱나무'로 이름이 굳어졌다는 것이 정설이다. 한해살이 초본 백일홍과 구분하기 위하여 '목백일홍'이라고 부르기도 한다. 초본 백일홍꽃은 한번 피면 백일동안 유지하니 진짜 백일홍이기는 하다. 그 외에도 배롱나무는 재미난 이름이 많다. 매끈한 가지를 슬슬 간질이면 가지 끝에 달린 잎과 꽃이 간지럼 타듯 가볍게 흔들린다고 '간지럼나무'라고도 부른다. 일본에서는 수피가 매끄러워서 나무를 잘 타는 원숭이도 미끄러지는 나무라는 의미의 '사루스베리(猿滑)'라고 부르고 배롱나무 원산지인 중국에서는 꽃 색깔을 보고 '자미화(紫薇花)'라 이름 지었다. 점차 품종개량이 진행되어 송나라 시대부터 자미(紫薇)보다는 붉은색인 홍미(红薇) 품종이 많아졌다. 홍미는 백일 동안 붉은 꽃을 피워 '백일홍'으로 불리며 이웃 나라인 조선과 일본으로 전파되었다.

배롱나무(덕수궁)

배롱나무는 한 송이 꽃이 피어나서 백일동안 있는 것이 아니라 꽃대에 줄줄이 달린 꽃망울이 차례대로 피고 지는 방식으로 여름철 내내 꽃을 볼 수 있는 것이다. 꽃 색깔은 흰색, 분홍색, 보라색 그리고 선홍색이 있는데, 선홍색이 압도적으로 많은 데 아름다움도 으뜸이다. 수피는 독특하다. 갈색과 흰색으로 얼룩무늬가 있기도 하고 지난 해의 수피가 떨어져 나간 부분은 매끄럽다. 잎은 마주나기를 하며 두툼한 편이다. 학명 '*Lagerstroemia indica*'는 린네가 명명했는데, 배롱나무를 유럽에 소개한 친구 이름과 동인도제도를 말한다.

배롱나무를 모르는 사람이 드물 정도로 매우 널리 알려진 인기 높은 정원수이며 내한성이 약하여 중부지방에서 겨울철을 나기 위하여 월동조치를 반드시 해야 한다. 여름철 남부지방으로 여행을 가면 명소마다 꽃이 피어 있는 오래된 배롱나무를 볼 수 있다. 향교, 서원, 사찰, 공원, 길가 그리고 묘소에서도 볼 수가 있다.

자주색과 흰색 꽃

역대급 셀럽이다

강희안(1417~1465)이 쓴 우리나라 최초의 원예조경서인 양화소록(養花小錄)에 16종의 식물 중에 배롱나무가 포함되어 있다. '자미화' 편에서 중국은 성안에 많이 심지만, 우리나라 성안에서는 본 적이 없고 영호남 여러 고을에서 많이 심는다고 기록하고 있다. 그리고 서울 지방 지체 높은 양반집에서 많이 심었지만 대부분 얼어 죽었다고 언급한다. 또한 형상을 표현하기를 "비단 같은 꽃이 노을빛처럼 고운데 뜰을 비추면 사람들의 시선을 어지럽게 빼앗으니, 풍격이 가장 유려하다."라고 쓰여 있다. 배롱나무의 특징을 정확하게 표현하고 내한성이 약해 서울 경기 지방에서 심을 수는 있어도 얼어 죽을 위험성이 높다는 점까지 지적하고 있다. 조선시대 문인화에 배롱나무에 대한 글이나 그림이 자주 등장한다.

제주지방에서는 묘소에 심는 나무로 여겨서 집안에 심지 않는다고 한다. 옛 풍습에 무덤 주위를 직사각형으로 둘러쌓은 돌담인 산담을 만들고 그 안에 배롱나무를 심었다. 제주 어르신들은 "별다른 이유는 없고 단지 무덤이 보기 좋아지라고 화려한 꽃나무인 배롱나무를 심는다" 라고 말한다. 배롱나무의 꽃이 곱고 오래 피니 어두운 무덤을 환하게 밝혀 조상을 즐겁게 하려는 후손들의 효성으로 무덤에 심은 것라고 한다.

역사가 깊은 서원이나 고택, 정자 그리고 오래된 산사를 방문하게 되면 붉은 꽃으로 뒤덮인 배롱나무의 진면목을 제대로 느낄 수 있다. 오래 전에 심은 배롱나무는 커다랗게 벌어진 가지에서 여름철 내내 붉은 꽃을 풍성하게 피워내어 강렬한 아름다움으로 보는 사람들을 감탄하게 한다. 오랜 시간동안 붉은 꽃이 화려하게 피어 있어 소원성취나 가족의 화목을 바라며 집안에 심기도 했다. 그래서 유서 깊은 고택이나 사찰에 가면 고결한 기품이 풍기는 굵직한 배롱나무를 볼 수 있다. 유명한 사찰이나 누각과 정자, 서원 등에는 거의 대부분 고풍스러운 배롱나무가 심겨져 있다.

강진 백련사 배롱나무

고려시대 명문가 후손인 모은공 이오는 고려가 망하자 충절을 지키기 위하여 가솔들을 이끌고 남부지방으로 내려가 산간벽지에 배롱나무가 활짝 핀 것을 보고 살만한 곳이라 정착한 곳이 지금의 함안군 모곡리이다. 주변에 담을 쌓아 고려동(高麗洞)이라 이름 짓고 배롱나무를 가꾸었으니 오늘날 자미단(紫微壇)이다. 배롱나무 꽃을 보며 망국의 슬픔을 달래고 한편으로는 세상과 담을 쌓고 살아갈 수 있는 유일한 낙으로 삼았다고 한다.

배롱나무는 특히 여름철에 푸르름으로 가득한 사찰에 붉은 꽃을 가득 피운 채, 스님뿐만 아니라 방문객들에게 보기

고려동 배롱나무 ©강철기

드문 아름다움과 속 깊은 가르침을 주는 존재로 서 있다. 배롱나무를 절에 심는 뜻은 출가한 수행자들이 해마다 껍질을 벗는 배롱나무처럼 속세의 욕망과 번뇌를 벗어버리고 수행에 전념하라는 의미라고 한다. 스스로 투박한 껍질을 해마다 벗겨내고 깨끗한 수피를 유지하고 있는 배롱나무를 보면서 몸과 마음을 갈고닦아 높은 경지로 끌어올리라는 것이다.

미인은 피부가 얇은 편이다

배롱나무는 남부수종이라서 추위에 약하다. 추운 겨울 나무의 줄기가 얼어 죽어서 뿌리만 살아 있다가 뿌리에서 또 다른 줄기가 나와 굵어지기를 반복하면서 여러 그루를 모아 심은 것처럼 보이는 경우가 더러 있다. 특히 남부와 중부 경계에 있는 곳에서 배롱나무에서 마치 여러 그루를 심은 듯이 자란 모습을 많이 볼 수가 있다.

그러나 중부 이북에서 햇볕이 잘드는 남향이나 북쪽에 찬바람을 막아 주는 시설이 있는 경우 별 탈 없이 겨울을 날 수도 있고, 더 확실한 방법으로 겨울에 나무 전체를 볏짚 등으로 두텁게 감싸주고 4월 중순경까지 해체하지 않으면 살릴 수 있다. 남부지방에서 생산하는 어린 묘목은 추위에 더욱 약해서 중부지방에서 동절기 보호조치를 하지 않으면 거의 다 죽게 된다. 동백, 석류, 단감나무나 배롱나무 등 중부지방에서 노지 월동이 어려운 나무를 심을 때는 조심해야 한다.

80년대 중반 건설회사에 다니고 있을 때였다. 논현동 사장 집 정원공사를 회사일을 많이 하는 조경업체에게 시켰다. 특별히 배롱나무를 심으라는 지시를 받아 햇볕이 잘 드는 곳에 식재했다. 늦가을에 볏짚으로 단단히 싸주었는데, 그해 겨울 강추위가 10일 이상 계속되었다. 이듬해 4월 중순에 볏짚을 풀고 나서 보니 줄기가 동해를 입어 고사했다. 다만 뿌리에서 새 가지가 몇 개 올라오는 것을 가르키며 조경회사 대표는 죽은 게 아니라며 보수공사를 거부하였다. 사장의 분노에 찬 표정과 목소리가 아직도 생생하게 기억이 난다. 몇 년 후에 조경회사 대표에게 그때 왜 그랬냐고 물어봤더니, 값싸게 공사시킨 사장에게 뻗대면 공사비를 더 받을 수 있을 거 같아 일부러 그랬다고 했다.

동절기 수간보호

관리소홀로 고사한 배롱나무

화유백일홍(花有百日紅)

20여년 전부터 호남지방에서는 논에다가 배롱나무를 재배하기 시작했다. 벼농사를 지어봐야 손해보는 경우가 많아 대체 작물을 찾다가 마침 배롱나무 수요가 일어나서 발빠른 농가에서는 속성수인 배롱나무를 생산하고 있다. 예전에는 농지에 농산물만 심을 수 있었다. 식량 자급율이 부족하여 논밭에 조경수를 심어 키우는 것은 엄격히 금지되었다. 1994년에 WTO 출범에 따라 농가 소득 증대를 위하여 '조경 또는 관상용 수목과 그 묘목'을 심을 수 있게 되었다. 그 이후부터 다양한 조경수 묘목을 논과 밭에 합법적으로 심는 것이 허용되었다.

배롱나무 가로수(학암포해수욕장 진입로)

관리를 잘 해주면 서울 · 경기 중부지방에서도 살릴 수 있다. 아주 메마른 땅이나 음지 이외에서는 잘 자란다. 유기질이 풍부하고 비옥한 습윤지가 생육에 적당하다. 나무껍질은 노각나무를 닮았고 꽃차례는 불두화처럼 수북하여 꽃뭉치가 상당히 큰 편이다. 흰가루병은 배롱나무의 성장을 저해하고 미관을 해치는 대표적인 병해로 방제를 하면 쉽게 치료할 수 있다. 수관폭이 넓게 퍼지는 경우가 많으므로 좁은 공간보다는 넓은 녹지에 식재하는 것이 좋다. 적정한 관리비가 확보되지 않는 공간에 심어봐야 겨울에 동해를 입어 죽을 수 있으니 주의해야 한다.

화무십일홍(花無十日紅), 열흘 붉은 꽃은 없다는 격언이 있다. 권력이나 부귀영화는 물론이고 영원히 시들지 않을 것 같은 화려함도 짧다는 말이다. 보통의 꽃은 멋있게 피어나도 열흘을 못가고 지고 만다. 그러나 온갖 화려한 봄꽃들이 모두 지고 난 다음에 홀로 피어 가을 이슬이 내릴 때까지 끊임없이 피어나, 짧게 피고 쉽게 져버린 봄꽃들을 비웃는 배롱나무는 화유백일홍(花有百日紅)이라고 할 수 있다.

꽃망울이 많아 계속 피고 진다

자귀나무

Albizzia julibrissin (silk tree 合歡木)

유일무이(unique)한 꽃 모양

콩과 낙엽활엽교목인 자귀나무는 전국 산야에 자생하는 난대성 수종으로 중부 이남 지역에서 볼 수 있다. 나무의 줄기는 높이 자라지 않고 굽거나 약간 드러눕는다. 키는 5m 정도 까지 자라고 큰 가지가 성글게 옆으로 퍼져 넓은 그늘을 만든다. 꽃이 귀한 여름철에 보름 동안 꽃이 계속 피어나서 여름 꽃나무로 많이 심는다.

자귀나무 꽃은 화려하고 특이하게 생겨 보통의 꽃 모습과 완전히 다르다. 분홍색 비단실로 만든 화장솔을 벌려놓은 듯한 모습으로 독특하게 핀다. 꽃잎은 퇴화되어 안보이고 3cm 길이의 가느다란 수술 뭉치가 꽃 모양을 이룬

자귀나무(평화의공원)

다. 작은 가지 끝에 15~20개씩 우산형으로 달린다. 아래쪽은 흰색이고 끝이 분홍빛으로 물들어 멀리서 보면 전체가 분홍색으로 보인다. 축제를 하기 위하여 밤하늘

자귀나무 꽃을 닮은 불꽃놀이

을 장엄하게 수놓는 불꽃놀이를 할 때 자귀나무 꽃이 피어난 불꽃 모습이 많이 보인다.

서양에서는 자귀나무를 비단나무(silk tree)라고 부른다. 장마철에 꽃을 피우는 모감주나무나 능소화와 함께 매우 달콤한 향기가 난다. 무더위와 빗속에서 꿀을 찾는 벌과 나비를 부르는 향기는 밤 시간에 더욱 진하게 퍼진다.

주로 목포 지방이나 제주도에서 자생하는 왕자귀나무(*Albizzia coreana*)는 자귀나무와 비슷하지만 나뭇 잎이 더 큰 편이다. 꽃을 이루는 수술에 분홍색이 없어서 흰색 꽃으로 보인다. 한국 특산종이며 희귀식물로 평가받고 있어 앞으로 군락지 보전과 다양한 연구가 필요하다.

왕자귀나무

자귀풀

매일 밤 폴더블폰(foldable phone)

자귀나무는 짝수로 마주 보는 작은 잎들이 낮 시간에는 활짝 펴졌다가 밤이 되어 어두워지면 잎들이 서로 마주 붙어서 아침까지 수면운동을 한다. 이것은 잎자루 아랫부분에 있는 엽침이 빛의 강약이나 자극을 받아 수분을 일시적으로 빠지게 하여 잎이 접히고 잎자루가 밑으로 처지는 현상이다. 이는

광합성을 할 수 없는 밤 시간에 물을 소비하는 증산작용을 멈추기 위하여 잎의 표면적을 최소한으로 만드는 것이다. 미모사는 외부 자극이 있어야 잎이 움츠러든다. 그러나 자귀나무는 외부의 자극 없이 해가 지고 나면 저절로 펼쳐진 잎이 서로 마주 보며 접힌다. 예전 사람들은 그러한 모습을 보고 잎이 서로 사이좋게 붙어 잔다고 생각하여 야합수(夜合樹)라고도 불렀다.

기하학적으로 완벽한 모습을 가진 자귀나무 잎을 들여다 보면 50~80개 되는 작은 잎들이 둘씩 마주나고 맨 끝에 짝없이 홀로 남는 잎이 없다. 모든 잎이 제 짝이 있다며 예로부터 사이 좋은 부부를 상징하는 나무로 여겨 신혼집에 즐겨 심었다고 한다. 슬기로운 아내는 자귀나무 꽃을 따다 말린 후, 남편이 힘들 때면 조금씩 꺼내 술에 넣어 마시게 하여 남편의 기분을 풀어주었다고 전해진다.

자귀나무의 기하학적 잎과 수면작용

소가 자귀나무잎을 무척 좋아해서 '소쌀나무' 라고 부르기도 했다. 마치 서양에서 들어온 듯한 화려한 꽃을 피우지만 자귀나무라는 이름의 유래는 지극히 촌스럽다. 나무를 깎는 연장인 '자귀'의 손잡이로 쓰인다거나, 잠자는 시간을 귀신같이 맞춘다고 하여 자귀나무라고 불렀다고 한다. 가을 배추 파종시 잎이 무성하게 달린 자귀나무 가지를 꽂아 그늘을 만들어주고, 잎이 진 다음에는 거름 역할을 하여 농사에 큰 도움을 주기도 한다.

호기심이라는 유산(heritage)

자귀나무에 대한 다양한 설화는 나라나 지역마다 서로 다른 이야기로 전해 온다. 중국과 일본에서는 자귀나무를 뜰에 심으면 남을 미워하는 마음이 없어진다고 믿었고 오해가 생기면 자귀나무 잎을 따서 보내 풀었다고 한다. 일본에서는 자귀나무의 줄기로 절굿공이를 만들어 부엌에 두고 쓰면 집안이 화목해진다는 속설이 전해진다. 제주도에서는 자귀나무를 '자구낭' 이라고 부르는데 여름날 어린 아이들이 '자귀나무(자구낭)' 그늘에서 자다가 학질에 걸린다고 생각하여 집안에 심지 않도록 금기시 했다. 또한 태풍이 자주 닥치는 제주에서는 약한 나무가지가 부러져 다칠 수가 있어서 이 나무를 집안에 심지 않는다고 한다.

자귀나무 뿌리발달 모습 ©김도균

아주 오래 전 부친께서는 강원도 동해안에서 작은 규모의 사과 과수원 농사를 하셨다. 부지런하면서도 호기심이 많으신 아버지는 그 지역에서 보기 드문 탱자나무나 참죽나무 등을 어디선가 구해서 심고 가꾸셨다. 다양한 식물을 키우시던 아버지는 내가 국민학교 입학 무렵에 자귀나무 묘목 한 주를 대문 옆에 심었다. 청소년기를 지내며 나는 자귀나무와 함께 성장을 했다. 고등학생이 되어 타지에서 생활을 하다가 여름방학 때 내려가면 고향집을 지키고 있는 키 큰 자귀나무를 멀리서도 볼 수 있었다. 기와 지붕 만큼이나 높게 자라서 분홍색 꽃뭉치로 나를 반기고, 밤에는 그윽한 향기를 은은하게 내뿜던 자귀나무는 고향집을 지키고 있었다.

폭이 10m가 넘게 자라며 큰 우산처럼 대문을 지키던 자귀나무는 2002년 어마어마한 피해를 낸 태풍 루사가 지나가며 가지가 부러져 수명을 다하고 말았다. 선산 묘소 주변에 심어놓은 또 다른 자귀나무 3그루는 크게 자라 보기 좋았는데 어느 겨울 강추위에 말라 죽었다.

한낮의 불꽃놀이(fireworks)

공원이나 도로변에 식재한 자귀나무는 꽃이나 잎 모습이 특이해서 외래종으로 오해받기도 하지만 예전부터 중부지방 아래에서 자생하며 우리 곁에 살고 있었던 나무이다. 추위에 약하기 때문에 중부지방 북쪽에서는 살기 어렵다. 중부 내륙지방에서는 동해를 받을 수 있으므로 겨울철에 월동 조치를 하는 것이 좋다. 양지바른 곳에 심는데, 토질과 상관없이 척박한 곳에서도 잘 자란다. 습기가 있으면서 부식질이 많은 토양에 심으면 아주 잘 자란다. 옮겨심기는 주로 3~4월에 하는데 굵은 뿌리에 붙은 잔뿌리를 상하지 않도록 조심해야 한다. 잔가지가 마를 수 있으므로 가을보다는 봄에 옮기는 것이 좋다.

자귀나무 열매

씨앗 파종으로 묘목 생산을 한다. 늦가을에 익은 종자를 채취하여 춥고 어두운 곳에 보관하였다가 이듬해 봄에 파종하는데 발아율은 좋은 편이다. 양수이므로 발아 후에는 햇볕이 잘 들게 키우고, 빨리 자라는 편이라 6년째부터 꽃이 피기 시작한다. 통풍이 잘 되는 장소에서 재배하며 비료를 많이 줄 필요는 없다. 유기질이 너무 풍부한 곳에서는 진딧물이 많이 발생하여 그을음병이 발생하기 쉽다.

병충해와 공해에 강하기 때문에 도시지역에 적응을 잘 한다. 꽃을 많이 볼 수 없는 여름에 꽃을 무성하게 피우므로 활용도가 높고 녹지에 그늘목으로 활용할 수 있다. 잎과 꽃이 모두 아름답고 정갈한 모습을 보여줘 사찰이나 사적지에 많이 심는 편이다. 빨리 자라는 장점을 이용하여 비탈면 녹화 공사할 때 종자를 많이 넣는다. 비탈면같이 토양이 불안정한 곳에서도 발아율이 높다. 생장속도가 빨라 다른 식물에 피압 당하지 않는 편이라 녹화공사시 많이 쓰인다. 고속도로 비탈면에 많이 보이는 이유이다.

회화나무

Sophora japonica
(Chinese Scholar Tree 槐花木)

콩과 집안의 어르신

8월 초순 꽃이 피어난 도시 가로수를 얼핏 보면 아까시나무처럼 보인다. 그러나 가로수의 정체는 회화나무다. 잎 모양과 줄기가 비슷하다 보니 오해를 많이 받는다. 아까시나무는 잎끝이 둥그스름하지만, 회화나무 잎은 끝이 점점 좁아져서 뾰쪽하고 줄기나 가지에 가시가 전혀 없다. 꽃은 가지의 끝에 여러 개의 원뿔 모양 꽃대에 복합하여 달리며 여름에 연한 황백색의 꽃이 나무 전체를 하얗게 뒤덮어 가지 끝이 늘어질 정도로 많이 핀다. 자랄수록 나무껍질은 세로로 깊게 갈라지며 검은색이 진해진다. 어린 가지일수록 초록색이 진하며 열매는 콩과 식물을 나타내는 모습인 콩깍지 형태로 달린다.

회화나무 꽃/열매　아까시나무 꽃/열매　위: 회화나무 잎/아래: 아까시나무 잎

회화나무 가로수(서울시 강남구)

콩과 식물은 뿌리혹 박테리아와 공생하여 대기 중의 질소를 고정한다. 이렇게 생산된 질소는 모든 식물의 성장에 필수적인 영양소로 사용되고 비옥한 토양을 만들어 준다. 식물생태계에 큰 역할을 하는 콩과 식물은 콩이나 토끼풀부터 아까시나무나 회화나무 같은 큰 키 나무까지 다양하다. 회화나무는 낙엽활엽수로 나무 높이가 30m, 직경이 2m까지 크게 자라는 편이라 은행나무, 느티나무, 팽나무, 왕버들과 함께 우리나라 5대 거목 중의 하나이며, 500~1,000년 된 나무 10여 그루가 노거수로 지정되어 보호받고 있다.

문헌을 찾아보니 중국에서 괴화(槐花) 또는 회화목(懷花木)이라고 해서 회화나무라고 부른다고 한다. 그림을 뜻하는 '회화(繪畵)'가 아닌 것이다. 회화나무를 사람이 사는 집에 많이 심은 것은 못된 귀신을 물리치는 나무로 알려져 있기 때문이다. 그래서 조선시대 궁궐에 많이 심었다. 또한 서원이나 향교 등 학문을 연구하는 장소에도 회화나무를 심어 면학 분위기를 조성했다고 전해진다.

동궐도의 창덕궁 회화나무(원 안)

현재 창덕궁 회화나무

왕과 사대부의 상징

회화나무는 오래 전부터 한반도에 살고 있어 삼국사기 백제본기에 기록되어 있다. 조선시대궁궐에서 왕이 신하들을 만나는 장소를 외조라고 하는데, 이 가운데 삼정승 자리에는 별도로 회화나무를 심어 표지로 삼았다고 한다. 창덕궁의 돈화문 안에 있는 세 그루의 회화나무는 외조에 해당하는 곳으로 지금도 우람하게 살아있다. 동궐도에도 보이듯이 왕권을 표현하기 위하여 창덕궁을 비롯한 여러 궁궐에 심어 관리하였다.

고관대작을 상징하는 나무로 벼슬을 그만두고 낙향하여 만년을 보내는 곳에도 회화나무를 심었다고 한다. 현대그룹 사옥은 예전 휘문고등학교 자리에 세워졌다. 창덕궁 쪽 일부 토지에 원서공원을 만들어 구청에 기부하게 되었는데, 그 곳에 노거수인 회화나무가 있어서 살리느라 큰 공사를 하게 되어 필자가 참여하게 되었다. 이웃한 창덕궁 회화나무와 비슷한 나이를 가진 노거수가 잘 살 수 있도록 다양한 지혜를 동원하여 작업하였다. 어느날 인부 한 명이 높은 분이 근무하는 본사 건물쪽으로 소변을 누다가 들켜서 야단 맞은 추억이 떠오른다.

원서공원 회화나무

중국에서 회화나무는 학문을 상징하는 나무로 여겨 공자를 모시는 대성전 앞에 측백나무와 은행나무와 함께 심어 놓았다. 유교는 조선시대 사회의 기본 사상이자 사회 윤리로 자리 잡고 있어서 중국처럼 회화나무에 대한 대우는 높았다. 대부분의 유교 관련 사적지에서는 오래된 회화나무를 볼 수 있다. 조선시대 유생들이 과거시험을 보러 가거나 합격했을 경우 집에 회화나무를 심곤 했다. 그래서 회화나무는 예전부터 '학자수(學者樹)'라고 불렀다. 곧게 자라는 대나무와 달리 회화나무 가지들은 자라면서 제멋대로 뻗는 특징이 있어서 옛 사람들은 이를 두고 자유롭고 유연한 학자의 기질로 여겼다.

회화나무 잎은 다른 나무가 모두 새 잎을 피운 다음에 학자수라는 이름에 걸맞게 거드름을 피우며 5월 초가 되어야 느지막이 피어나고, 꽃도 한여름인 8월이 되어서야 수수한 모습으로 황백색의 꽃을 피운다. 특별히 관리하지 않아도 자라면서 단정한 수형을 스스로 만든다. 요즘에는 공부를 잘 하게 한다는 속설 때문에 정원에 심기도 한다.

가로수의 원탑

한강변에 올림픽대로를 건설할 때 녹지에 많이 심었다. 함께 심은 양버즘나무는 강변 모래땅에서 여름 가뭄을 이기지 못하고 대부분 말라 죽었다. 하지만 함께 식재한 회화나무는 가혹한 조건에서도 살아 남아 지금도 올림픽대로를 달리는 차량 운전자들의 눈을 즐겁게 해주고 있다. 그 뒤로 서울시내 간선도로에 가로수 수종으로 채택되어 많이 식재하였다. 대표적으로 압구정역에서 갤러리아백화점 구간에 식재하여 지금도 울창한 가로수 대열을 이루고 있다. 전주 한옥마을에 방문하는 관광객들은 가로수로 심어놓은 키 큰 회화나무 숲을 즐길 수 있다.

압구정로 회화나무 가로수

대기질이 나쁜 도시에서 가로수의 조건을 따져 보자면 추위, 공해, 병충해에 강하고 보행자 키보다 높은 곳에 가지가 있는 기본 조건을 만족해야 한다. 여름철에 그늘을 만들고 겨울에는 잎이 떨어져 햇볕을 인도에 비추게 하는 낙엽활엽수 가운데서 선정해야 한다. 이러한 조건에 맞는 나무가 회화나무라고 할 수 있다. 빨리 자라며 사람이 다듬어주지 않아도 스스로 아름다운 모습을 갖추는 나무인 회화나무는 가로수로 선정되는 조건을 두루 갖추고 있다고 할 수 있다. 중국의 수도 베이징에서는 회화나무 가로수가 많아 세계적으로도 유명세를 타고 있으며 유럽에서도 가로수로 많이 심는다고 한다.

회화나무 꽃

황금회화나무(서울숲)

장마가 끝날 무렵 서서히 꽃송이가 달리면서 아래에서 위로 올라가면서 꽃이 피어난다. 꽃은 1주일 정도 지나면 가벼운 튀밥처럼 금새 낙화한다. 바람이 조금만 불어도 우수수 떨어진다. 콩알만한 작은 꽃잎이 포장도로를 하얗게 물들인다. 깨끗이 쓸어도 하룻밤 지나면 또 한 무더기 쌓여있다. 여름의 끝과 가을이 시작을 알리는 현상이다. 가을이 깊어가서 은행잎이 샛노랗게 물들어도 초록색 잎을 달고 있다가 첫 추위가 오면 그제서야 노란색 단풍이 들며 낙엽이 진다.

기후변화를 늦추는 나무

활엽수 가운데 도시 공해에 강한 나무로 토심이 깊고 비옥한 사질양토에서 잘 자란다. 그러나 척박한 토양에서도 잘 자라고 특히 내한성이 강해 우리나라 어디에든지 자라는 나무이다.

종자 번식이 가능하나 대부분 삽목으로 생산하고 있다. 봄에 전년도에 자란 가지를 잘라 묘목을 만들어 이듬해에 옮겨 심는다. 성장은 빠른 편이며 양수이므로 햇볕이 잘 드는 곳에 식재한다. 회화나무는 콩과식물로 질소 고정을 하는 뿌리혹박테리아가 공생하여 질소 비료를 제공해 주므로 아주 척박지가 아닌 한 비료를 줄 필요가 거의 없다. 과도한 시비는 병충해 발생을 일으

킬 수 있다. 잔뿌리가 적고 뿌리가 거칠어 큰 규격의 나무는 이식하기 어려운 편인데 가을 낙엽이 진 후부터 봄 싹트기 전이 이식하기 좋은 기간이다. 잎과 줄기가 황금색이 특징인 황금회화나무가 있는데 봄철에 나오는 새 잎도 황금색으로 금새 변해서 특이한 모습을 자랑한다. 식재 하면 시선을 한 몸에 받을 수 있다.

꽃이 귀한 여름에 꽃이 피어 여름철 꽃나무로 이용 가치가 높다. 넓고 크게 자라므로 공원이나 학교원 등의 여름 꽃나무 겸 녹음수로 적당하며 가로수로 심어도 좋다. 대기 오염 환경에서도 강한 내성이 있어 도시환경에 잘 적응한 나무로 가로수, 공원수, 학교, 사적지 등에 즐겨 심는다.

회화나무는 전체적인 모습이 우아한 분위기를 가지고 있다. 초록이 섞인 황백색 꽃과 한여름철 따가운 햇볕을 가리는 시원한 그늘 그리고 가벼운 바람결에도 흔들리는 얇은 잎을 더위에 지친 도시민들에게 제공한다. 거칠고 어두운 수피에서 해마다 돋아나는 잎과 새 가지 끝에 달리는 꽃들은 언제나 공부하는 학자의 치열함과 깨닭음을 보는 듯 하다.

코엑스 앞 회화나무

팽나무(광화문광장)

팽나무

Celtis sinensis (Chinese hackberry 彭木)

살아있는 모든 것을 품는다

한국, 중국 등 동아시아가 원산지이다. 키는 20m 높이까지 자라며 다 자란 나무의 지름은 1m까지 커진다. 가지가 사방으로 뻗어 나가 우산처럼 넓게 자란다. 팽나무라는 이름은 대나무 통에 팽나무 열매를 넣어 쏠 때 나는 소리가 "팽~" 하고 난다고 해서 불러 졌다고 한다. 은행나무와 느티나무 다음으로 오래 살아서 마을 정자나무로 많이 심었다. 팽나무는 꽃이나 열매를 즐기는 나무는 아니고 가지와 잎이 무성하고 크게 자라 대부분 녹음수로 이용한다. 수꽃과 양성화 한그루 나무이다. 반질거리는 잎은 가을에 샛노란 색으로 단풍이 들어 눈에 잘 띈다. 추위에 강하여 우리나라 전역에서 살 수 있다. 햇빛을 좋아하는 양수이지만 어린 나무는 내음성이 강하여 그늘에서도 잘 자란다.

팽나무 고목

팽나무 새순과 열매는 사람이 먹을 수 있고 다양한 나비가 서식처로 이용한다. 식물분류학자에 따르면 왕오색나비와 멸종위기종인 비단벌레가 팽나무와 공생하는 관계로 진화했다고 한다. 홍점알락나비를 비롯한 다양한 나비 애벌레가 팽나무의 잎을 먹고 자라며 여름이 되면 성충이 되어 늦여름에 알을 낳는다. 팽나무 껍질은 회색인데 오래 살수록 많이 생기는 이끼 틈 사이로 팽이버섯이 자란다. 팽나무에서 나는 버섯은 독이 없다고 한다.

잎은 큐티클층이 있어서 반짝거린다

팽나무는 배수가 잘 되는 모래 자갈땅에서도 약간 비옥한 곳을 더욱 좋아한다. 수세가 튼튼하고 아무 데서나 잘 자란다. 느티나무처럼 마을 주변에서 많이 볼 수 있는 정자목이다. 느티나무 서식처와 겹치지만 느티나무는 내륙 쪽에 분포하고 팽나무는 남부지방의 섬 지역이나 제주도에 많이 있다. 500년 이상 생존하여 보호수로 지정된 팽나무가 470주에 달한다. 봄에 일제히 잎이 피거나 윗부분부터 싹이 트게 되면 풍년이고 그 반대는 흉년이라는 등 한 해 농사를 점치는 기상목의 역할을 하기도 했다.

역사를 기록하다

2022년 여름 창원 동부마을에 있는 팽나무 노거수는 「이상한 변호사 우영우」라는 드라마에 등장하면서 유명해졌다. 500살로 추정되는 이 팽나무는 극중에서 '소덕동 팽나무'로 불리며 천연기념물 지정과 관련한 마을 사람들의 갈등을 지켜본다. 천연기념물로 지정되면 개발이 불가능해져서 땅값이 내린다며 반대하는 사람들의 에피소드로 개발과 보전에 대한 가치를 깊이 생각하게 하였다. 방영 중에는 전국에서 구경하러 몰려든 방문객들로 인하여 팽나무와 마을 사람들이 곤욕을 치렀다. 드라마 방영 후 문화재청은 천연

창원 북부리 팽나무

기념물 지정조사에 착수했고, 결국 2022년 10월에 천연기념물로 지정하였다. 사실 우리 주변에 흔하게 볼 수 있던 나무인데도 불구하고, 드라마 한 편으로 팽나무를 모든 사람들에게 널리 알리는 계기가 되었다.

남부지방에서는 팽나무를 어선이 드나드는 포구에 큰나무로 서 있다고 해서 '포구나무'로 부른다. 해송처럼 소금물과 해풍을 버틸 수 있는 팽나무는 포구 앞에 많이 살고 있다. 해풍이 실어나른 소금기를 맞아 잎이 모조리 떨어졌다가도 조금 지나면 다시 잎이 무성하게 난다. 바닷가에선 팽나무를 계선주(배를 묶는 기둥)로 많이 활용했다고 한다. 배를 묶은 밧줄에 팽나무 밑동이 오랫동안 시달리면서 상처가 생긴 흔적이 고스란히 남아 있어 특이한 모습을 보인다.

제주도 해발 600m 아래에 자생하고 있는 제주지역 팽나무는 '폭낭' 또는 '퐁낭'으로 부르는데 육지에서 매끈하게 자란 것과 비교하면 모습이 매우 다르다. 세찬 바닷바람과 매년 찾아오는 태풍을 견디며 자라기 때문에 줄기가 거칠고 잔 가지가 무성하게 자란다. 바람 부는 방향으로 뻗은 가지가 만든 수형은 육지에서는 볼 수 없는 독특한 모양이다. 척박한 환경을 극복한 제주 사람들의 강인한 생명력을 보여주는 듯하여 제주지방의 자연환경과 역사를 상징한다고 평가받는다. 제주 사람들과 오랜 시간을 함께한 나무이고, 높게 자란 팽나무숲이 있는 마을이 많이 있다.

제주산 팽나무 뭍으로 귀양오다

2000년경 정부는 IMF사태 이후 부동산 경기를 일으키기 위해 아파트분양가 완전 자율화 정책을 추진하였다. 이 시기부터 지상의 주차장을 지하로 전부 내리고 지상부에는 녹지를 대규모로 조성하기 시작하여 아파트 조경이 분양 성공에 중요한 역할을 하기 시작했다. 2007년부터 잠실주공아파트 단지를 재건축하면서 제주산 팽나무를 본격적으로 식재하기 시작했다. 이전에는 겪어보지 못하던 넓은 녹지공간을 채우기 위하여 10m가 넘는 대형목을 많이 식재하면서 초기 식재 효과가 제일 좋은 제주산 팽나무를 경쟁적으로 도입하기 시작했다.

서울지역에 식재한 제주산 팽나무

태풍과 바닷바람을 견뎌내며 수십년 자란 제주산 팽나무는 수간이 구불구불하고 잔가지가 발달하여 육지에서는 보기 드문 수형을 가지고 있어 오래된 숲처럼 보이게 꾸미는 데는 효과가 좋은 조경수로 인기를 끌었다. 모든 건설회사는 제주산 팽나무를 심으려고 다들 제주도에 몰려 가서 물량을 확보하려는 경쟁이 치열했다. 때마침 제주도에서 관광지나 골프장을 개발하면서 제주산 팽나무를 많이 캐어 뭍으로 나갈 수 있었다. 그 뒤로 계속 조경수로 큰 인기를 얻어 멀쩡히 살고 있는 팽나무를 팔아 큰 돈을 만진 사람도 생겨났다고 한다. 지금도 수요는 이어져 제주산 팽나무를 훔치다가 적발되는 뉴스도 자주 등장한다.

제주 성읍마을 팽나무

이처럼 뭍으로 나가 조경용으로 대량으로 팔리다 보니 이제는 제주 시골 마을에서도 찾아보기 힘들다고 한다. 최근에는 팽나무 구하기가 힘들었는지 농촌 마을 곳곳에는 '팽나무 삽니다'라는 팻말까지 붙여져 있다고 한다. 제주도의 자연환경과 오랜 역사를 담고 있는 팽나무는 마을의 전통 경관의 상징으로 있었는데 이제는 오래 동안 전해 내려온 경관마저 파괴되고 있다. 애써 옮겨 심은 제주산 팽나무는 수도권의 고층아파트 건물 숲 속에서 제대로 살고 있는지 걱정스럽다.

고향을 떠난 나무는 생기를 잃게 된다

흉고직경이 6cm 굵기로 성장할 때까지 정말 더디게 자란다. 끈기를 가지고 재배하다 보면 키가 3m까지 자란 후에는 성장속도가 빠르며 뿌리가 잘 발달한다. 추위나 해풍에 잘 견디어 내륙과 해안 어디서든 잘 자란다. 경사진 장소보다는 평탄하고 토심이 깊은 곳을 좋아한다. 강전정을 해도 새 가지가 잘 나오며 옮겨 심기를 해도 잘 산다. 큰 규격의 나무 이식도 가능한데 가을에 낙엽이 진 후부터 봄 싹트기 전에 이식하는 것이 좋다. 묘목 생산은 주로 실생으로 하는데, 가을에 익은 종자를 채취하여 직파하거나 노천 매장 하였다가 이듬해 봄에 파종한다. 파종 후에는 포장이 마르지 않도록 짚이나 거적 등으로 덮어 관리한다.

팽나무는 크게 자라는 나무로 잎이 무성하고 수형과 단풍이 좋아 넓은 녹지에 심는 녹음수로 적당하다. 독립수로 자랄 경우 수형은 넓은 우산형이 되며 바닷가처럼 바람이 강한 곳에서 자란 나무는 가지가 더욱 치밀하고 마디 사이가 짧아 더욱 아름다운 수형을 이룬다. 정자목이나 공원의 가로수로 적당하고, 바닷가에 있는 주택정원에 적응할 수 있는 나무로 손꼽힌다. 그러나 그늘에서는 병해충이 많이 발생하고 지나치게 크게 자라 정원수로 심기에는 부담스럽다. 2005년 6월에 성수동 서울숲 현장에서 수고 4m 팽나무 50주를 심은 적이 있다. 그 당시만 해도 팽나무는 쉽게 구할

서울숲 팽나무

수 없었는데, 뿌리 분이 나쁜 상태로 심어서인지 1주만 살아남고 전부 죽었다. 그 해 10월에 하자보수를 하는데도 전부 활착이 안되어 결국 일부는 느티나무로 바꿔 심었다.

제주산 팽나무 일부 고사현상

'못 생긴 나무가 선산을 지킨다'라는 속담이 사라진 시대가 되어버렸다. 육지의 부자 동네 정원 조경수로 제주도를 대표하는 팽나무가 팔려나가는 것은 졸부 문화의 극치라는 탄식이 나오고 있다. 서울 아파트단지에 경쟁하듯이 심어놓은 제주산 팽나무의 운명은 어찌될까? 제주도의 저온 다습한 겨울철에 익숙한 '폭낭'이 서울의 저온 건조한 겨울철 기후조건에 얼마나 오래 버틸 수 있을까? 나무 생리상 당초 모습을 유지하긴 어려울 텐데, 도시에 조성하는 인공지반 위 녹지에는 그 지역에서 키운 조경수를 심는 것이 맞다.

느티나무

Zelkova serrata
(Sawleaf Zelkova 槻木)

국가대표 조경수

긴 설명이 필요 없을 정도로 조경수를 대표하는 나무이다. 낙엽활엽교목으로 경관을 형성하는데 가장 기본이 되는 나무로 병해충이 별로 없고 스스로 모양을 잡으며 빠르게 성장한다. 꽃과 열매가 풍성한 잎사귀에 가려 잘 보이지 않는 걸 빼고는 조경수가 가져야 할 장점을 다 갖춘 나무이다. 유전적으로 가지를 넓게 펴는 속성이 있어서 여러 조경수 가운데 가장 넓은 그늘을 만들어 사람들에게 베푼다. 매년 새로 잔가지들이 나와 수많은 잎을 달기 때문이다. 잎이 다 떨어진 겨울철에 느티나무 밑에서 위를 쳐다보면 수많은 나뭇가지가 질서정연하게 균형 잡힌 모습을 볼 수 있어 멋진 볼거리를 제공한다. 사람이 간섭만 안 한다면 높이가 20m까지 성장한다. 느티나무는 내건성과 내습성이 강하고 공해물질에 대한 적응력이 높다. 도시공원이나 아파트에 많이 식재하는 수종이다.

느티나무 숲(숭실대학교 캠퍼스)

일설에 의하면 느티나무의 이름은 줄기의 오래된 수피가 양버즘나무처럼 떨어져 나가서 '늙은 티를 낸다'라고 하여 붙여진 이름이라고 한다. 열매는 핵과로 지름 4mm 정도의 납작한 콩알 모양 열매가 갈색으로 10월에 여문다. 2년 주기로 열매가 많이 달렸다 조금 달렸다 한다. 서양에서는 'Elm-like Tree'라고 부른다. elm(느릅나무)과 비슷하게 생긴 나무로 여겨지는 걸로 보아서 서양에서는 느릅나무가 많이 있고, 느티나무는 찾아보기 어렵다는 이야기가 된다. 유럽 사람들이 보기 드문 느티나무를 우리나라에서는 흔하게 볼 수 있어서 매우 부러워한다고 한다.

느릅나무과에는 아주 크게 자라는 나무로 느티나무와 함께 느릅나무, 비술나무가 있다. 느릅나무는 느티나무보다 곁가지의 발달이 약하고 잎의 밀도가 낮다. 서울숲 산책로에 느티나무, 팽나무 그리고 느릅나무를 나란히 심어 놓아서 서로 비교하며 구별할 수 있다. 비술나무는 추운지방에 주로 자생하는데 느릅나무과 식물 가운데 잎 크기가 가장 작고, 잎 뒷면에 털이 없다. 어린 가지가 아주 많은데 경복궁 동쪽에 있는 현대미술관 앞에서 볼 수 있다.

비술나무(국립현대미술관-서울)

마을 지킴이

별다른 병충해 피해가 없어서 오래 사는 나무이다. 국가에서 관리하고 있는 보호수란 역사적 · 학술적 가치 등이 있는 노목(老木), 거목(巨木), 희귀목(稀貴木)으로서 특별히 보호할 필요가 있는 나무를 말하는데, 전국에 13,000주 정도 분포하고 있다. 그 가운데 느티나무가 7,100그루로 가장 많다. 전국 각지에서 커다란 정자목의 대부분을 차지한다. 우리나라에서는 14그루가 천연기념물로 지정되었다. 이는 은행나무 19그루와 소나무 19그루 다음으로 많은 나무이다. 오래 전부터 느티나무를 신성시해 벌채를 금지해서 노거수로 많이 남아 있다고 한다. 마을 어귀에 있는 느티나무를 마을을 지켜주는 상징으로 여겼다. 신록과 녹음 그리고 단풍으로 일년내내 아름다운 모습을 보여주며 마을을 지켜주는 정자목의 역할을 하고 있다.

동네 입구에 있는 정자목(원주시)

용비어천가에 나오는 '뿌리가 깊은 나무는 바람에 흔들리지 아니하므로, 꽃이 좋고 열매가 많이 열린다' 말처럼 느티나무는 대지에 뿌리를 깊게 내려야 높이 자랄 수 있다. 하지만 요즘 아파트는 대부분 지하 주차장을 만들기 때문에 대부분의 녹지는 흙 깊이가 1m 내외에 불과하다. 이처럼 콘크리트 구조물 위에 심은 나무는 뿌리가 옆으로 길게 뻗어 겨우 큰 덩치를 지탱하고 있다.

여러 해 전에 분양 홍보 수단으로 천년생 느티나무를 간판으로 내세워 고층 아파트에 둘러싸인 인공지반에 식재했다. 식재 직후부터 가지가 마르고 잎이 떨어지더니 결국 나무전문가가 조사한 결과 사실상 고사했다고 진단했다.

키 4m에 밑동 지름이 1.6m에 달하는 천년생 느티나무는 경북 군위에서 살았다. 고려 · 조선시대를 거쳐 살아왔는데 2004년부터 군위댐을 건설하면서 이웃 고장인 고령으로 옮겨졌다. 운반하는 화물차에 실을 수 있게 큰 가지가 여러개가 잘려 나가 볼품은 없어지고 커다란 밑둥만 남게 되었다. 몇 년 후에는 장수와 건강을 상징한다는 모델로 선택되어 무려 10억원을 들여서 서울 부자 동네로 다시 옮겨졌다. 이사하자마자 서울의 혹독한 추위와 배수가 안되는 흙 위에서 힘든 나날을 보냈다. 결국 뿌리 일부분은 살아 있지만 몸통에 붙어있던 가지들은 죽었다. 영리한 기술자가 어린 나무 몇 개를 밑동 주변에 심어서 마치 건강하게 살아있는 것 처럼 가

천년생 느티나무의 변화

꿔 놓았다. 느티나무 30대 조상과 30세 후손의 어색한 공생을 하고 있어, 형식은 '천년생 밑둥'이고 내용은 '십년생 가지' 인 셈이다.

아파트 녹지에 대형목을 옮겨심어 경관을 만드는 방식은 아파트가 고층화하면서 생긴 유행이다. 하지만 토심이 1m 남짓한 인공지반에 대형목을 심는 것은 위험부담이 너무 크다. 예전에 갯벌인 곳에 만든 공원에서는 흙을 충분히 성토하고 심은 대형목도 살아남기 어렵다. 도시 개발로 인한 바람길 변경 때문에 잘 살고 있던 보호수도 태풍에 쉽게 부러진다.

2018년 태풍으로 넘어진 느티나무(수원)

솜씨좋은 메이크업 아티스트

1984년 광화문 교보생명사옥 파사드에 커다란 느티나무 6주를 심고 나서야 전국의 건축소장들이 내가 짓는 건물 앞에 키 큰 나무 심는 걸 허락했다고 한다. 그제서야 "멋진 건물 앞을 가리는 나무를 심지 마라" 라는 근시안에서 해방된 것이다. 후진국 콤플렉스에서 벗어나기 위하여 도시에 마구 건축물을 짓던 시절에는 나무가 도시경관을 방해한다고 생각했지만, 시간이 많이 흐르고 난 뒤에야 도시경관을 아름답게 메이크업하는 아티스트는 나무라는 깨닮음을 얻게 되었다. 잘 살고 있던 광화문 은행나무 가로수를 다 치우고 나서 다시 상수리나무를 심은 것도 같은 맥락이다.

1987년 종각사거리 신신백화점 터에 제일은행 본점 조경공사를 할 때 에피소드이다. 가로수는 서울시에서 심어놓은 오래된 은행나무였는데 건물 앞에 3줄로 큰 느티나무를 심어 녹지를 만들었다. 출근 길에 그 모습

제일은행본점 느티나무 숲(2002년)

을 본 시장은 가로수와 같이 수종인 은행나무로 교체하라는 지시가 전달되었다. 발주처 감독를 설득하여 느티나무를 고수하며 차라리 가로수마저도 느티나무로 바꾸자고 제안했다. 결국은 느티나무 숲은 살아 남았고 길 건너 편 영풍빌딩 앞에도 느티나무를 심게 되었다. 화신백화점 자리에 빌딩이 들어설 때 당연히 느티나무를 심을 줄 알았는데, 뜬금없이 메타세쿼이아를 심어버려서 종각사거리를 느티나무 숲으로 만드는 것은 미완으로 끝났다. 보신각에서 바라보면 풍성한 느티나무 숲과 비교하면 앙상한 메타세쿼이아가 고달프게 서 있다.

가을철 느티나무 단풍을 보면 노란색과 붉은색이 뒤섞여 있다. 단풍색상이 다른 품종이 있는 것이 아니라 나무 개체에 따라 색소의 합성 능력 차이 때문이다. 엽록소와 함께 봄부터 잎 속에 합성되는 노란 색소인 카로티노이드와는 달리 붉은 색소인 안토시안은 그 성분이 세포액에 녹아 있다가 늦여름부터 새롭게 생성되어 잎에 축적된다. 식물은 해가 짧아지고 기온이 낮아지면 잎자루에 코르크처럼 단단한 떨켜를 만들어 월동 준비를 한다. 떨켜가 만들어지면 잎으로 드나들던 영양분과 수분이 더 이상 공급되지 않고, 그 결과 엽록소의 합성도 멈춘다. 잎 속에 남아 있던 엽록소는 햇빛에 분해되어 점차 그 양이 줄어들어 녹색은 서서히 사라진다. 그에 반비례해서 분해 속도가 상대적으로 느린 카로티노이드와 안토시안은 일시적으로 제 색인 노란색과 붉은색을 내기 시작한다. 결국 우리 눈에 보이는 현란한 단풍은 나뭇잎 속에 함유된 이들 색소가 각기 다른 분해 순서에 따라 일시적으로 나타나는 현상인 셈이다. 노랗고 붉은 단풍이 들게 만든 카로티노이드와 안토시안마저 분해되면 쉽게 분해되지 않는 탄닌 색소로 인해 나뭇잎은 갈색으로 변하여 낙엽이 되어 바람결에 땅으로 떨어진다.

느티나무 단풍(울산 문수체육공원)

뛰어난 회복탄력성(resilience)

뿌리분 들어올려 심기

속성수이다 보니 거칠게 전정을 해도 자연스러운 수형을 회복할 수 있지만, 줄기의 절단면은 썩어들어가 나중에 문제가 생기기 마련이다. 느티나무는 자라면서 불필요한 속가지를 스스로 정리하면서 수형을 만들어가는 특성이 있으므로 전정을 최소화하는 것이 좋다.

도시지역에서 비교적 잘 적응하여 빌딩 속에서 녹색숲을 형성하는 역할을 할 수 있다. 분당 일산 등 1기 신도시 개발부터 간선도로변 가로수로 식재하여 지금은 아름다운 가로경관을 이루고 있다. 자연 상태에서는 산기슭이나 골짜기 또는 마을 부근의 토심이 깊은 조건에서 잘 자란다. 조경 현장의 거친 흙에서도 웬만하면 적응하지만 배수가 안되는 곳에서는 고사하고 만다. 배수가 불량하면 어쩔 수 없이 뿌리 분을 주변보다 들어 올려 심는 수 밖에 없다.

이른 봄 연두색 잎을 내밀고 여름날엔 무성한 그늘을 제공하고, 가을에는 화려한 단풍으로 도시민들에게 즐거움을 준다. 쓰임새가 여러가지인 느티나무는 베어진 후에도 여러 목재 가운데 최상품으로 쳐준다. 썩거나 벌레가 먹는 일이 드문 데다 나뭇결과 무늬가 곱고 황갈색으로 윤택이 난다. 건조시 갈라짐과 비틀림이 적고 마찰이나 충격에 강하며 단단하다. 좋은 목재가 갖추어야 할 모든 장점을 다 가지고 있다. 그래서 '나무의 황제'라는 별명이 전혀 어색하지 않다. 많은 왕의 관으로 사용하였고, 건축 구조재로 최상품이라서 영주 부석사 무량수전의 기둥으로 선택되었다. 서민은 소나무, 양반은 느티나무와 함께 일생을 살아간다는 이야기가 있을 정도다.

마가목

마가목

Sorbus commixta (Mountoin Ash 馬牙木)

단청처럼

마가목은 큰 관목 또는 작은 교목으로 분류한다. 오래 동안 자라도 키가 7-8m에 불과하다. 적갈색 수피는 갈라지지 않고 매끈한 편이다. 잎이 달린 모습은 아까시나무와 비슷하나 작은 잎은 뾰족하며 가장자리에는 겹 톱니가 있다. 잎은 9~13장이 깃털 모양으로 달리는 깃꼴겹잎의 형태로 작은 잎이 모여 하나의 큰 잎을 만들 듯이 꽃의 형태도 수십 개의 작은 꽃이 우산모양으로 하나의 꽃차례를 이루고 있다. 늦은 봄에 새하얀 꽃이 반구 모양으로 무리 지어 핀다.

꽃향기와 꿀이 풍부하여 밀원식물로 이용한다. 10월에는 5~8mm 크기로 동그란 열매가 붉은색으로 열려 자주색 단풍과 어우러져 눈길을 끈다. 수십 개의 열매가 모여있는 열매 뭉치는 시간이 가면서 무게를 이기지 못해서 가지가 아래로 처지게 된다. 빨갛게 익은 열매는 낙엽 지고 겨울이 와도 그대로 달려 있어서, 눈이 내리면 열매 위로 소복이 쌓인다.

마가목이라는 이름은 봄에 돋아나는 새 잎이 말의 이빨처럼 보여서 붙여진 이름이라고 한다. 그런데 마가목 가지에서 나오는 새 잎을 아무리 살펴봐도 말 이빨처럼 보이지 않는다. 마아목(馬牙木)에서 마가목이 되었다고 하지만 조선 후기 문헌에서는 마가목(馬檟木)이라고 기록하고 있다. 한자 뜻대로 풀이하면 마가목 한 그루 값어치가 말 한 마리와 맞먹을 정도로 귀하다는 것이다.

마가목 새 잎

마가목 꽃

가을이 되면 잎이 불타오르듯 붉게 물들고 열매 또한 붉게 익는다. 나무 전체가 빨간색로 물들어 가을 산에 아름다움을 더한다. 1천m가 넘는 높은 산에서 군락을 이뤄 자라며 혹한과 매서운 바람에도 결코 얼어 죽지 않는다. 바위가 많은 곳이나 음지, 계곡 주변에서 주로 자생한다. 산 아래 평지에 심어 놓으면 생육이 좋은 것으로 보아, 키 큰 나무들을 피해 산 꼭대기처럼 척박한 곳에서 자란다고 한다. 설악산이나 계방산, 울릉도 성인봉 정상 부근에서 볼 수 있다.

계방산 정상부근 마가목 ©국립공원공단

산삼처럼

우리나라에 서식하는 마가목 종류는 마가목, 당마가목, 산마가목 3종이다. 오랜 시간 동안 서로 다른 마가목이 같은 지역에서 자라면 자연교배로 인한 잡종이 끊임없이 일어 날 수 있다 고 한다. 잎의 개수로 구분하는데 작은 잎이 9~13개이고 잎 뒷면이 앞면과 같이 녹색이면 마가목이고, 작은 잎의 숫자가 13개를 넘고 잎 뒷면이 흰빛이 있으면 당마가목이다. 잎 가장자리의 거치로 구분하기도 한다. 마가목은 주로 우리나라의 울릉도를 포함한 강원도 이남과 일본에 자생하고, 당마가목은 주로 강원도 등 북부 지방과 중국, 몽골에 서식한다.

마가목(거치가 끝까지 있음) 당마가목(거치가 중간에 사라짐)

이와 별도로 세계적으로 80여종이 넘는 마가목은 오래 전부터 조경수로 개발하여 유럽, 중국, 미국에서 수입하는 마가목 종류도 많이 있다. 최근 공원이나 가로에서 많이 볼 수 있는데 대부분은 해외에서 건너온 원예종 마가목이다. 수입 마가목은 대부분 수관폭이 자생 마가목보다 넓고 키가 큰 편이다.

'풀 가운데 제일은 산삼이요, 나무 중에 제일은 마가목이다.' 라는 말이 있을 정도로 약효가 뛰어난 나무로 알려져 있다. 오래 전부터 한약재로 유명했는데, '가지를 꺾어 지팡이로 짚고만 다녀도 요통이 낫는다'고 할 만큼 민간에서는 허리통증과 뼈관절 질환의 약재로 널리 사용했다. 열매는 말려서 달여 먹거나 담금주로 먹기도 한다. 몇 해 전 갑자기 암 치료에 마가목 수피가 좋다는 소문 때문에 껍질이 숱하게 벗겨지는 난리가 벌어진 적도 있었다.

닥터지바고가 사랑한 라라처럼

우리나라와 마찬가지로 북유럽에서도 마가목은 높은 산에 살고 있으며, 겨울철 붉은색 열매는 눈을 뒤집어쓰고 가지에 매달려 있다. 그래서 북유럽 일부 지역에서는 신단수로 추앙받는 풍습이 전해진다. 마가목을 산물푸레나무(mountain ash)로 부르는데, 물푸레나무는 북유럽 신화에서 하늘과 연결하는 신목(神木)이다. 북유럽 신화에 따르면 마가목으로 배를 만들면 침몰하거나 물에 빠져 죽는 일이 없다고 전해진다.

러시아 문학가 파스테르나크의 소설 '닥터 지바고'에서 마가목 열매는 생명, 풍요 그리고 아름다움을 상징한다. 지바고는 마가목 열매를 보며 헤어진 연인 라라를 떠올리고 반드시 다시 찾으리라는 용기를 얻는다. 러시아 사람들의 마가목 열매에 대한 의미를 소설에서는 잘 설명한다. 세상천지가 흑과 백으로 나눠진 설원에서 마가목 열매는 혹독한 겨울의 차가움에 생명을 불어넣는다고 묘사한다. 차디찬 동토의 땅에서 붉음을 유지하며 시련을 극복하는 용기를 주는 마가목 열매는 러시아의 처절한 근대사를 온몸으로 보여준다.

마가목은 백두대간 운두령이나 대관령에 가로수로 식재했다. 일본 삿뽀로나 러시아 자작나무 숲 속에도 심어놓았다. 눈 덮힌 설원에 서 있는 마가목은 단조로운 겨울 풍광 속에서 루비처럼 붉게 빛나고 있었다. 이처럼 마가목은 겨울철에 들어서야 존재감을 더욱 크게 보여주는 나무이다.

눈속의 마가목 열매

팔방미인처럼

마가목(*Sorbus commixta*)과 팥배나무(*Sorbus alnifolia*)는 속명(*Sorbus*)에서 보듯이 매우 가까운 형제 사이이다. 사는 곳은 서로 달라 팥배나무는 우리나라 모든 곳에서 흔하게 볼 수 있으나, 마가목은 울릉도 특산식물이고 강원과 영남지방의 고산지대에 주로 서식하고 있습니다. 요즘에는 조경수로 개발하여 도시에 많이 식재하여 쉽게 찾아볼 수 있다. 팥배나무는 팥을 닮은 열매와 배꽃을 닮은 꽃을 특징으로 하여 팥배나무라고 부르는데, 꽃은 마가목과 거의 같으나 잎은 전혀 다르다. 나뭇잎은 빗살무늬로 나뭇잎의 전형적인 모양을 가지고 있다. 거의 같은 시기에 꽃이 피어 늦은 봄을 아름답게 수놓는다. 이 시기에는 흰색 꽃들이 경쟁적으로 피어난다. 마가목-팥배나무, 이팝나무-산사나무, 때죽나무-쪽동백나무, 층층나무-산딸나무 순으로 피어 난다.

마가목 팥배나무

묘목 생산은 초여름 장마철에 새순을 삽목하거나 씨앗을 2년간 노천 매장해 뒀다가 봄에 파종한다. 나무가 어릴 때는 직사광선을 싫어해서 음지에서 잘 자라는데 생장하면서 점차 양지에서 잘 자란다. 습기가 있는 땅을 좋아하고, 도시지역의 정원이나 공원 또는 가로수로 심어 꽃, 열매 및 단풍을 함께 즐길 수 있다. 연두색 새잎, 하얀 꽃 그리고 빨간 열매와 단풍 등 모든 면에서 조경수로 인기가 많다. 천천히 자라면서 수관폭이 좁고 수형이 저절로 잡히는 편이라서 작은 규모의 정원에 심기 적당하다.

마가목 열매와 단풍

햇볕이 풍부한 양지를 좋아하며 추위나 그늘엔 강하지만 더위나 공해에 약해 도심 가로수로 부적당하다. 토양은 거의 가리지 않지만 배수가 잘되며 보습력이 뛰어난 토양에서 생육이 가장 좋다.

특이한 잎 모양과 향기 짙은 하얀 꽃이 아름답고, 붉은색 단풍과 열매 뭉치를 오래 볼 수 있어서 좋은 평가를 받는 조경수이다. 동의보감에 이름을 올렸듯이 중요한 한약재로 쓸 수 있는 팔방미인형 나무이다.

낙우송(앞)과 메타세쿼이아(뒤)

메타세쿼이아

Metasequoia glyptostroboides
(Metasequoia 水杉)

새옹지마

메타세쿼이아는 은행나무처럼 공룡이 살던 시대부터 지구상에 출현한 나무다. 80여 년 전까지만 해도 이 나무는 신생대 화석으로만 볼 수 있는 '멸종 식물'로 알려졌다. 1941년 스촨성에서 생전 처음 보는 커다란 나무를 발견했고, 몇 년 후에 화석으로만 볼 수 있었던 메타세쿼이아로 판명되었다. 화석이 먼저 발견되고, 현생종이 뒤늦게 확인된 보기 드문 사례였다. 발견되기 전부터 화석 속 식물이 현존하는 식물인 '세쿼이아'와 비슷하다고 하여 '메타세쿼이아'라고 명명했다. '메타'는 '이후'라는 뜻인데, 북미지역 인디언 추장의 이름을 따와 붙여진 '세쿼이아' 이후에 나온 나무라는 뜻이 된다.

담양 메타세쿼이아 길

중국에서 현생 메타세쿼이아를 발견한 이후 미국 아널드수목원이 임학자를 파견해서 종자를 채취하여 전 세계로 전파했다. 현존하는 모든 메타세쿼이아는 최초로 발견된 메타세쿼이아 군락에서 나온 후손이라고 할 수 있다. 이름이 영어라 외래종 같지만 우리나라 포항에서도 화석이 발견되는 걸로 보아 빙하기 전에는 우리나라에 살고 있던 자생종이라고 할 수 있다. 빙하기에 대부분 멸종하여 화석으로만 남아 있다가, 중국에서 운 좋게 살아남은 나무 군락 덕분에 또 다시 지구 여러 곳으로 퍼져 나가 번성하고 있다.

높이 30m 이상으로 자랄 수 있으며 곁가지는 줄기보다는 상당히 작은 굵기로 생장한다. 수피는 겹겹이 벗겨지며 타원형 구과는 여러 조각이 서로 어긋나게 갈라진다. 그 속에서 종자가 나온다. 꽃은 2~3월에 수꽃과 암꽃이 한그루에 따로 피고 수꽃은 가지 끝에 여러 개의 수꽃 눈이 줄줄이 달려 밑에서부터 노란색의 꽃밥을 터트리기 시작한다. 암꽃은 가지 끝에 1개씩 달린다. 잎은 마주나고 길이 2.5cm 정도의 가느다란 잎이 모여 하나의 잎을 이룬다. 목재는 실내의 포장재나 내장재 등으로 사용한다. 가을에는 적갈색으로 단풍이 든다. 낙우송과 모습이 거의 비슷하나 메타세쿼이아의 잎과 가지는 마주 나지만 낙우송은 어긋나게 나므로 쉽게 구별할 수 있다.

식재한 지 20년 후 메타세쿼이아

군계일학

가로수로 식재하여 자라고 난 후 멋진 경관을 만들 수 있다. 플라타너스나 은행나무 가로수보다 원추형으로 곧게 자라 독특한 가로경관을 만들어 낸다. 담양의 가로수길은 1970년대 초에 식재한 메타세쿼이아 묘목이 커다랗게 자라 가로수 터널로 거듭났다. 영화 속 배경으로 유명해진 다음 많은 사람들이 찾는 관광명소로 떠올랐다. 서울지역에서는 강서구청앞 가로수로 심기 시작하

난지도 메타세쿼이아 길

여 여러 곳에 도입하였는데 천만그루 심기 운동으로 조성한 난지도 메타세쿼이아길이 유명하다. 드라마 속 배경인 남이섬 메타세쿼이아 숲에도 많은 관광객의 발길이 이어지고 있다. 세계에서 가장 긴 메타세쿼이아 숲길은 중국 장쑤성 피저우에 있다. 1975년에 조성한 60km 가로에 무려 100만 그루 정도를 심었는데, 지금은 500만 그루 이상이 되었다고 한다.

왼쪽-메타세쿼이아 오른쪽-낙우송

왕성하게 자라는 특성으로 조기 녹화가 가능하지만, 물을 좋아하는 메타세콰이아 생태 특성 때문에 뿌리가 하수관로를 훼손하고, 뿌리 윗부분이 위로 솟아 올라 도로경계석이나 보도포장을 파손하고 있다. 지나친 녹음으로 일조권을 방해한다던가 시야를 가린다는 문제가 나타나고 있다. 이러한 이유로 도시내 가로수로 선택받지 못할 가능성이 커지고 있다. 낙엽 덩어리나 뿌리가 하수관을 막는 경우가 많아 환경미화원의 미움을 사고 있다. 과거 멋진 수형을 자랑하던 히말라야시다 같이 도시 가로수에서 퇴출되는 수순을 밟고 있다. 도심내 좁은 땅에 심는 가로수보다는 차라리 넓은 녹지에 식재하는 것이 메타세쿼이아에게 더 좋을 수 있다.

기후변화로 인한 봄가뭄이 심해지는 경우에는 연두색 잎이 나오자마자 갈색으로 마르게 된다. 집중관리로 물을 공급하여 갈변현상을 줄일 수 있지만, 시기

왼쪽-메타세쿼이아 오른쪽-낙우송 낙우송의 공기뿌리

를 놓치면 죽은 가지는 다시 살아나지 않는다. 식물에 기생하면서 수액을 빨아먹어 엽록소를 파괴하는 응애류 병충해가 자주 발생하여 잎을 갈색으로 변하게 하여, 마치 가뭄 피해를 받은 것처럼 보이게 된다. 가로수 관리기관은 다양한 방법을 동원하여 건조나 병충해 피해를 방지하는 노력을 하고 있다. 사회공헌사업의 하나로 가로수 책임 관리제도를 도입하는 것도 좋은 대책이다.

사이비

낙우송과(Taxodiaceae)에는 메타세쿼이아와 생김새가 비슷한 낙우송(*Taxodium distichum*)이 있다. 잎과 가지가 나는 모습이 다른데 메타세쿼이아는 마주나기이고, 낙우송은 어긋나기로 쉽게 구별할 수 있다. 나무가 습지나 물속에서 자라는 경우 뿌리가 호흡하기가 어려우므로 땅 위로 무릎뼈 모양의 가는 줄기처럼 자라는 것을 '공기뿌리'라고 한다. 낙우송은 지상의 줄기 부위에서 나오는 뿌리인 공기뿌리(기근)가 있고 메타세쿼이아는 없다. 제일 쉽게 구분하는 방법은 곁가지 발달 모습이다. 낙우송은 줄기와 90도로 수평으로 뻗고, 메타세쿼이아는 45도 정도로 발달한다. 멀리서 보면 낙우송은 옆으

로 많이 퍼진 원정형이고 메타세쿼이아는 원추형에 가깝다.

낙우송은 일본식 이름인 낙우송(落羽松)을 그대로 받아 쓰는데 소나무 같은 잎이 새의 깃털처럼 떨어진다고 붙인 이름이다. 대부분 침엽수는 가을에 잎 전부가 낙엽으로 떨어지지 않는 데, 낙우송은 침엽수이면서도 낙엽수인 특이한 나무이다. 비슷한 이름을 가진 낙엽송(*Larix kaempferi*)이 있는데 낙우송과는 다른 혈통인 일본잎갈나무로 낙엽침엽수이다. 일본이 원산지로 중부지방에 산림녹화용으로 많이 심어놓았다.

낙우송은 옆으로 가지가 발달하여 폭이 넓은 형태를 가져, 메타세콰이어처럼 줄지어 심는 경우는 보기 어렵다. 기근이 발달하여 물 속에서도 잘 살기 때문에 왕버들과 함께 연못 속에 일부러 심는다. 가을 단풍이 메타세콰이아보다 조금 더 밝은 갈색으로 물들고 약한 바람에도 쉽게 떨어진다. 자루가 없는 열매는 나뭇가지에 여러개가 모여 달려 있다.

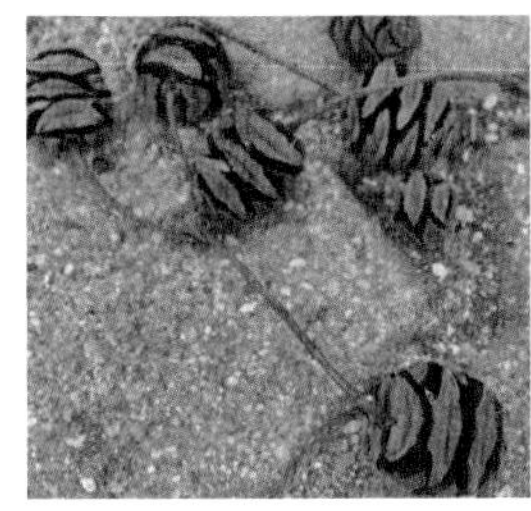
메타세쿼이아 열매

낙우송 열매

일취월장

햇볕을 좋아해서 음지에서는 생장이 불량하다. 정상적인 성장을 위해서 물이 많은 비옥한 사질 양토가 좋고. 건조한 토질은 피해야 한다. 내한성이 강하고 생장속도가 빨라 1년에 70cm 이상 자란다. 건축물이나 아파트 앞 녹지에 식재한 후 20여년이 지나면 5층 높이 이상으로 뻗어난다. 적당한 물만 공급되면 한없이 크게 자란다. 조기 녹화에는 성공하지만 햇볕을 막기 때문에 가지가 전부 잘리는 아픔을 겪게 된다. 하지만 5년여가 지나면 거대한 몸집을 회복한다. 가로수로 심을 때 키를 맞춰 줄기 상부를 잘라서 식재하면 새 줄기가 나와서 줄기를 금새 복원한다. 남쪽 녹지보다는 건물 측면에 식재하는 것이 바람직하다. 어린 나무를 밀식하고 잊어버려도 물만 공급된다면 곁가지 없이 경쟁적으로 하늘을 향해 높이 자란다.

2009년 강전정 직 후

전정한 지 6년 후

건조한 환경인 도심 가로변에서는 정상적인 생육이 어렵다. 1999년 종각사거리 보도에 심어놓은 메타세쿼이아는 키만 큰 채 아직도 제 모습을 찾지 못하고 있다. 빗물이 스며들지 않은 포장재로 부실한 물 공급과 공해가 심한 도심환경이 원인이다.

종각 4거리 메타세쿼이아

서울시의 천만그루 심기 운동으로 난지도 윗부분과 강변북로 변에 메타세쿼이아를 대량으로 식재했다. 그 결과 물 공급이 충분한 아래 구간은 커다란 숲을 이뤘지만, 위 구간은 건조한 환경을 이기지 못하고 말라 죽었다. 8~90년대 반포나 잠실아파트단지에 대량으로 심어 5층 아파트 지붕을 훌쩍 넘어 자랐는데, 지금은 재건축으로 모두 사라졌다. 압축성장의 시대에 어울리는 나무라고 할 수 있다.

양버들

Populus nigra var. *italica*
(Italian black poplar 钻天杨)

버드나무과(Salicaceae)에 속하는 사시나무속(*Poplus*)에는 우리 주변에서 자주 볼 수 있는 네가지 수종이 있다. 전부터 우리 땅에 살고 있던 사시나무와 근현대에 외국에서 들여온 양버들, 미루나무, 이태리포플가 있다. 비슷하게 생겨 구분하기 어렵고 이름에 '버들'이 들어가서 사람들의 의문을 자아낸다. 이들 모두 잎자루가 길고 잎은 얇고 가벼워 끊임없이 흔들리는 잎사귀가 눈부신 햇살을 반사하여 윤슬처럼 반짝거린다.

양버들(*Populus nigra* var. *italica*)

양버들은 유럽 원산지인 포플러나무(*Populus nigra*)의 돌연변이인데 서양에서 이태리포플러라고 부른다. 원종과 다르게 줄기와 가지가 좁게 하늘로만 치솟아 피라밋 포플러라는 별명도 가지고 있는데, 무덥고 건조한 지역에서도 잘 적응하지만 수명이 짧고 뿌리를 얕게 자라며 습윤한 기후에서는 병충해가 많이 발생하는 편이다. 전세계적으로 가로나 공원에 많이 심다가, 수명이 짧고 뿌리가 깊지 않아 강풍에 쓰러지는 경우가 많아 제거하는 나라도 많아졌다. 우리나라도 처음에는 가로수나 하천변에 많이 심었으나 나중에는 미루나무와 이태리포플러 등으로 바꿔 심게 되었다.

성장이 빠르고 수관폭이 좁아 가로수로는 적당하므로 일제 강점기 시절 새로운 도로(新作路)를 건설할 때 도로변에 심었다. 이는 일본이 양버들을 식재한 유럽 가로수 문화를 도입한 것에서 비롯한다. 시골 신작로에 가로수로 심었던 나무는 거의 모두 양버들이었다. 미류나무 또는 포플러라고 부르는 사

양버들(한강변)

람들도 있었지만 이제 와서 수형이나 줄기에서 나오는 곁가지로 따져보니 양버들이 틀림없다. 다만 그때는 양버들이라는 명칭이 없어 '미국에서 들어온 버드나무' 라는 의미로 미류나무 또는 영어 이름인 포플러라고 알고 있었다. 신작로의 가로수를 일반인들이 그냥 포플러라고 워낙 많이 불렀기 때문에 좁은 의미의 포플러는 양버들을 가리킨다.

양버들 줄기

처음부터 수나무만 발견되어 삽목으로 무성생식만 한 것이므로, 우리나라에 심은 양버들은 전부다 수나무라고 할 수 있다. 한자명(鉆天杨, 첩천양)의 의미처럼 양버들은 줄기 아랫부분에서부터 생겨난 가지들이 모두 원줄기를 따라 하늘로 향한다. 그렇게 하늘로 치솟은 빗자루 모습으로 다른 사시나무속 식물과 쉽게 구분할 수 있다. 양지를 좋아하며 추위나 가뭄에 강하여 최근들어 한강 변이나 공원에 가로수로 많이 식재하고 있다. 이름을 지을 때 무신경하게 일본명 세이요우하꼬야나기(西洋箱柳)를 힌트삼아 '양(洋)버들'로 지었다. 마치 서양의 버드나무 종류로 들려서 많은 이들이 어리둥절하고 있다.

미루나무(*Populus deltoides*)

미루나무는 북미지역이 원산지로 높이 30m까지 자란다. 양버들에 비해 수명이 길어 100년 정도까지 산다. 양버들과 비슷하지만 잎의 길이가 폭보다 길고 곁가지는 사방으로 더 넓게 벌어진다. 잎자루가 길고 편평하여 바람이 없어도 잘 흔들린다. 종소명 *deltoides*는 삼각형이라는 뜻으로 잎 모양을 말한다. 일제 강점

미루나무 줄기는 검은색을 띈다

기에 일본을 통하여 들어왔으며 그 후 한국전쟁 중에 미군에 의하여 전국각지에 널리 식재하기 시작하였다. 생장이 빠르고 이식이 잘되기 때문에 가로수로 많이 심었으나 지금은 거의 사라지고 양버들만이 남아 있다. 특히 미루나무와 양버들의 잡종인 이태리포플러가 장려되어 생장이 느린 미루나무는 밀려나기 시작하였다. 선유도공원같이 오래된 시설물에 일부 남아 있다.

미루나무는 성장이 매우 빠른 속성수로서 환경이 좋으면 1년에 5m 만큼 자라기도 한다. 그래서 헐벗은 산림에 홍수 피해가 심하여 속성수가 필요하던 치산녹화 시절에 산림청에서 앞장 서 도입하여 하천변이나 저지대 계곡 등지에 많이 심었다. 그러나 목재로서 별 쓰임새가 없고 솜털 씨앗이 날리고 뿌리가 너무 넓게 퍼져 주변을 침해하고 태풍에 약하여 잘 넘어져 쇠퇴하기 시작했다. 하천변이나 비옥한 계곡지역이 식재하기 적당한 곳이다. 내습성, 내한성이 강해서 전국 어디에서나 잘 자라며 햇빛에 대한 요구량이 크고 습기, 바닷바람, 대기오염에 견디는 힘이 강하다.

선유도공원 미루나무

순 우리말처럼 보이는 미루나무도 이름의 변천이 재미있다. 1937년에 '모니리페라포풀라'로 이름 지었다가 1942년에 미국에서 온 버들이라는 뜻으로 미류(美柳)나무로 변경했다. 일본이름 히로하하꼬야나기(廣葉箱柳)의 영향을 받아 지은 것이라고 한다. 양버들처럼 버들이 아닌데 버들이라는 이름을 붙여 많은 비판을 받고 있다. 그러다가 미류나무가 '미루' 나무로 발음되는 바람에 2002년 미루나무로 이름을 바꾸게 된다. 어차피 버들도 아닌데 버들 류(柳)를 고수할 이유가 없어진 것이다.

이태리포플러(*Populus canadensis*)

오른쪽이 이태리포플러(강천섬)

이탈리아 원산으로 미국산 미루나무와 유럽산 포플러의 잡종 가운데 품종 'I-214'를 도입하여 전국에 엄청나게 심었다. 미루나무보다 더 빨리 커서 한국전쟁 이후 황폐한 지역을 녹화하기에 적당한 수종이었을 것이다. 미루나무보다 키가 커지고 가지가 넓게 벌어진다. 그러나 50년 자라면 30m까지 자라서 태풍에 쉽게 넘어진다. 매년 태풍이 지나가는 일본이나 우리나라에서 하천이나 습지 주변에 포플러 종류가 자생하지 않는 이유이다.

빠르게 자라 1년에 2m는 거뜬히 자란다고 한다. 잎은 삼각형이고 어린 잎

양버들(너비와 길이가 비슷함)-미루나무(너비가 짧음)-이태리포플러(잎자루가 붉은색)

은 붉은 색으로 돋아나다가 녹색으로 바뀐다. 더위나 가뭄에 강하고 산기슭 아래 또는 강변에서 잘 자란다. 잎의 길이가 너비보다 긴 것이 미루나무나 양버들과의 차이점이다. 나무 껍질은 은빛을 띤 흰색이다. 키가 크고 수관폭이 크다 보니 강풍에 잘 넘어진다. 목동신시가지 완충녹지에 수 십 그루가 있었는데 태풍이 지나가며 전부 다 뽑혀 치우느라고 고생한 기억이 난다.

이태리포플러는 5월에 버드나무처럼 하얀 솜털을 날리는데 꽃가루 알러지를 일으키는 꽃가루가 아니라, 씨앗을 담은 솜뭉치이다. 그런데도 도시민의 민원 때문에 대부분 베어버린다. 1980년대부터 홍수시 하천 범람을 일으킨다고 하천변의 나무 식재를 법령으로 아예 금지하여 물가에서 잘 사는 이태리포플러나 미루나무 등은 그 터전을 완전하게 잃게 된다.

지금도 농촌에 가면 군데군데 키 큰 이태리포플러나 미루나무가 강가나 들판에 우뚝 솟은 모습을 볼 수 있다. 이태리포플러를 땔감으로 사용할 경우 화력이 다른 나무와 비교하여 떨어지는 편이라, 제지용 펄프로 대부분 사용한다. 과거에는 성냥개비나 나무도시락으로 사용했지만 이제는 수요가 거의 없다. 그러나 카드뮴, 수은, 아연 같은 중금속으로 오염된 토양을 정화하는데 큰 효과가 있다는 연구결과에 발표되어 큰 기대를 걸게 된다. 또한 신재생 바이오에너지 자원이나 탄소흡수원으로 포플러가 주목받게 되어 연구를 활발히 하고 있다고 하니, 이태리포플러의 이용 가능성이 높아지고 있다.

사시나무 떨듯이

사시나무 ©국립생물자원관

사시나무속 나무는 수피가 하얀색인 사시나무와 이태리포플러와 검은색인 양버들, 미루나무로 나눌 수 있다. 우리나라 자생종인 사시나무(*Populus davidiana*)는 잎이 미세하게 떤다고 한다. 부채모양의 잎은 길이가 4cm 내외인데 탄력이 좋은 잎자루가 3cm 가량으로 떨기에 적당한 조건이다. 식물생리학으로 봐도 뿌리에서 끌어올린 물을 중력을 거슬러 잎사귀로 보내는 과정에서 잎이 파르르 떤다고 한다. 그래서 옛사람들은 '사시나무 떨 듯 한다'라는 속담을 지어낸 듯 하다.

사시나무속 교잡종은 워낙 다양하다 보니 외국에서 도입할 때 이름을 잘못 지어 사람들이 헷갈리는 편이다. 양버들이나 미루나무는 앞에서 쓴 바와 같이 일본어에 버들(柳) 글자가 있다고 해서 버드나무를 이름에 넣었다. 지금도 한강변을 걷는 사람들에게 '양버들' 이름표를 붙여놓은 나무가 버드나무인가 하는 의문을 가지고 나무를 다시 쳐다보게 된다. 서양에서는 이 양버들을 이탈리아에서 발견된 변종이라고 해서 '이태리포플러'라고도 부른다. 그러나 우리가 이태리포플러라고 부르는 나무를 서양에서는 캐나다가 원산지라고 해서 '캐나다포플러'로 부른다는 것이다. 같은 나무를 나라마다 다른 이름으로 부르고 있는 것이다. 이미 널리 통용되는 나무 이름을 바꾼다는 것은 '아카시아' 나무 사례에서처럼 지극히 어려운 일이다.

Autumn

도시나무 오디세이

Storytelling of Urban Trees

Chapter 3. 가을

오동나무(경의선 숲길)

오동나무

Paulownia coreana
(royal foxglove tree 梧桐)

오동나무

오동나무(잎-열매-오동나무 꽃-참오동나무 꽃)

만해 한용운의 시에 "바람도 없는 공중에 수직의 파문을 일으키며 고요히 떨어지는 오동잎은 누구의 발자취입니까?" 라며 오동잎이 등장한다. 잎이 커다랗다는 특징으로 "오동잎 한장이 떨어지니 천하에 가을이 왔음을 안다" 라는 문장도 유명하다. 우리나라에 사는 나무 가운데 잎이 가장 큰 편이라 시인과 문장가에게 영감을 주는 나무로 평가받는다. 햇볕이 잘 드는 양지를 좋아하며 천근성인데다가 건조와 추위에 강하고 척박한 토질에서도 잘 큰다. 그러니 조금이라도 빈 틈이 보이면 비비적 거리고 들어가 뿌리를 내리고 살 수 있다.

오동나무는 성장속도가 무척 빨라서 10년 정도 자라면 잘라서 목재로 이용할 수 있다. 목재는 나뭇결이 아름답고 부드러운 재질은 습기와 불에 잘 견디며, 가벼우면서도 마찰에 강해 가구 제작에 좋은 목재로 널리 쓰였다. 옛 조상들은 넓은 오동잎을 좋아해서 대청마루나 정자 앞에 즐겨 심었다고 한다. 또한 딸을 낳으면 뜰 앞에 오동나무를 심어 시집보낼 준비를 했다고 한다. 오동나무 목재는 소리를 잘 전달하여 거문고나 가야금을 만드는 데에 최고로 대우받았다. 요즘은 태권도 격파 쇼를 할 때 허공을 날아다니는 송판은 오동나무 목재로 사용한다.

도시 지역에서는 공터나 건물의 틈새 등에서 자주 볼 수 있다. 해바라기처럼 커다란 잎을 달고 미친 듯이 자란다. 잘라내도 어느새 다시 줄기를 내밀어 다시 자란다. 오동나무는 줄기 가운데가 비어있는데, 좋은 목재를 얻기 위해서는 두 번 잘라서 키운다.

공터에 자라는 오동나무

이렇게 자란 오동나무를 손(孫)오동으로 부르는데, 속이 꽉 찬 최상품 목재를 얻을 수 있었다고 한다. 우리나라는 목재를 얻기 위해 심고, 서양에서는 꽃을 즐기러 심고 있는데 일본에서 들여온 오동나무로 프랑스 파리에 가로수로 심어놓았다.

오동나무와 생김새가 매우 비슷한 참오동나무(*Paulownia tomentosa*)가 있는데 잎 뒷면에 연한 갈색 털이 많이 나고 꽃부리에 자줏빛이 도는 점선이 뚜렷이 보인다.

벽오동

벽오동(*Firmiana simplex*)은 이름만 보면 오동나무와 가까운 것처럼 생각되지만, 식물분류체계로는 오동나무와 멀리 떨어진 나무다. 오동나무는 현삼과에 속하고 벽오동은 벽오동과에 속한다. 벽오동은 오동나무와 함께 우리나라 나

벽오동(잎-줄기-꽃-열매)

무 가운데 잎이 가장 큰 나무다. 잎 한 장의 길이와 너비가 25cm 까지 자란다. 꽃과 열매가 차이 나고, 결정적으로 줄기의 색깔이 서로 다르다. 벽오동의 줄기는 청녹색인데 오래 자란 뒤에도 변치 않는다. 잎은 손바닥 모양으로 세 갈래 또는 다섯 갈래로 갈라진다. 중부 이남에서는 잘 자라나 내한성이 약하여 서울 지역에서는 어린 나무일 때 동절기 보호조치를 해주어야 피해가 없다.

봉황은 동양에서는 전설 속의 상서로운 새다. 장자(莊子)에서 "봉황은 벽오동나무가 아니면 앉지도 않고 대나무 열매가 아니면 먹지도 않았다"라고 했다. 조선시대에 왕의 상징으로 벽오동나무를 많이 심었다고 한다. 지금도 대한민국 대통령의 휘장은 봉황과 무궁화로 표현한다.

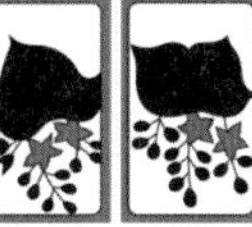
위-일본화투 아래-한국화투

고려 말기 신돈은 봉황이 오동도의 무성한 오동나무 숲에서 무리 지어 산다는 말을 전해 듣고 새로운 임금이 나올지도 모른다는 생각에 섬 안의 오동나무를 모두 베어버렸다고 한다. 오동나무가 없는 오동도가 되어버린 것이다. 그러나 신돈의 노력에도 불구하고, 고려는 전주 이씨 이성계의 손으로 망하고 말았다.

19세기 말 일본에서 들어온 화투는 한동안 많은 국민의 놀이와 도박이 되었다. 그림은 조금씩 변형하였는데 11월의 오동 광은 봉황이 벽오동 열매를 따 먹는 모습을 형상화한 것이다. '똥'처럼 보이는 것은 사실 오동나무 잎이다. 이런 오해가 생긴 이유는 일본식 화투와 달리 한국의 화투를 그릴 때 오동잎을 디테일을 생략하고 검은색으로 칠했기 때문이다. '똥광' 그림의 새 머리와 나뭇잎이 바로 봉황과 벽오동 잎이다.

개오동

또한 오동나무와 매우 비슷한 나무로 개오동(*Catalpa ovata*)이 있는데 능소화과 나무이다. 오동나무와는 거리가 먼 종인데 잎과 꽃이 오동나무와 비

개오동(잎-열매-개오동 / 미국꽃개오동 꽃)

슷하게 생겨서 개오동이라고 부른다. 가을에 빼빼로 과자같이 생긴 열매를 주렁주렁 늘어트린다. 빨리 자라지만 목재가 강하고 뒤틀리지 않아서 활을 만들거나 철도 침목으로 사용하기도 한다. 목재가 땅속이나 물속에서도 수백 년 동안 썩지 않는 특이한 성질이 있다.

예부터 벼락이 피해가는 나무라 하여 뇌신목(雷神木)으로 부르며 신성시했다. 개오동을 뜰에 심어두게 되면 벼락이 떨어지는 일이 적다고 기록되어 있다. 우리나라에서도 이 민속의 영향을 받아 궁궐이나 절간 같은 큰 건물에는 반드시 개오동을 심었으며 경복궁의 뜰에도 여러 그루가 있다. 개오동은 꽃향기가 좋아 벌들을 불러 모으는데, 북한에서는 '향오동나무'라고 부른다. 개오동은 추위에 잘 견디고 각종 공해에도 강하며, 해풍에도 잘 이겨내기 때문에 전국 어디에서나 식재가 가능하다. 토심이 깊고 비옥한 토양에서 생장이 양호하며, 습기가 많은 곳에서 더 잘 자란다. 미국에서 수입한 꽃개오동은 향기가 좋고 꽃이 흰색 바탕인데 비해 개오동 꽃은 황색 바탕이다. 미국 현지에서는 꽃이 화려해 공원이나 정원에 많이 식재한다.

연탄재 함부로 발로 차지 마라

'오동나무는 천년이 지나도 같은 소리를 낸다' 라는 문장이나 '오동잎 한잎 두잎 떨어지는 가을 밤에' 같은 노랫말에 오동나무가 등장한다. 다른 나무들이 따라오지 못할 독보적인 소리를 내고 큼지막한 이파리는 계절의 변화를 잘 알려 주는 나무라고 할 수 있다. 가을밤에 오동잎이 떨어지며 땅에 부딪치는 소리에 놀라 잠을 깨었다는 일화가 전해 진다.

오동나무는 도시내 빈 땅에 누가 심은 것이 아니라 바람에 날려온 씨앗이 스스로 뿌리를 내려 왕성하게 자란다. 이와 같이 아까시나무, 가중나무, 뽕나무와 함께 오동나무는 하천 제방이나 비탈면 그리고 버려둔 땅에서 자란다. 비록 개발과 동시에 뿌리 뽑히지만 사람의 손길이 미치지 않는 도시의 틈새에서 굳건히 자라서 베어질 그 날까지 공해물질을 흡수하고 그늘을 만들어 열섬현상을 줄인다.

오동나무는 나무 모양이 정돈되거나 화려하지 않아서 요즘 조경 현장에서 거의 심지 않는다. 오동나무 목재는 외국에서 수입하는 것이 가격 경쟁력이 있어서 우리나라에서 더 이상 대량으로 재배하지도 않는다. 그러나 도시의 뒷골목에서 누가 알아주지 않아도 녹음을 제공하고 있다. '연탄재 함부로 발로 차지 마라 너는 누구에게 한번이라도 뜨거운 사람이었느냐'라는 안도현의 시 구절이 떠오른다.

작은 틈새에 뿌리를 내린 오동나무(강남역)

상수리(광화문)

참나무

Quercus (oak tree 橡木)

진짜 나무

참나무는 특정 나무를 지칭하는 것이 아니라, 참나무과 참나무속에 속하는 여러 나무를 통칭하는 이름이다. 들에 핀 다양한 국화과 식물을 '들국화'로 부르는 것과 같다. '참' 나무란 여러 가지로 쓰임새가 많아 진짜 나무라는 뜻이다. 참나무속 나무는 모두 도토리라고 불리는 견과를 생산하므로 '도토리나무'라고도 부른다.

전세계에 600여종이 있으며 우리나라에는 낙엽활엽수 6종과 상록활엽수 4종이 있다. 대부분 키가 8m를 넘는 교목이나, 2m 이내인 관목도 있다. 꽃은 원시적인 형태로 양성화이며 4월에 핀다. 수꽃 이삭뭉치은 새로 난 가지의 잎겨드랑이에서 밑으로 처지고, 암꽃 이삭은 보이지않을 정도로 작은데 잎겨드랑이 윗부분에 곧게 선다. 도토리라고 불리는 견과는 접시 같은 각두 안에 들어 있는데 나무별로 그 형태가 다르다. 구별하는 방법으로 가장 확실한 것은 잎과 열매의 모양, 잎자루의 길이를 비교하는 것이다. 참나무 6종을 상수리나무와 굴참나무, 떡갈나무와 신갈나무, 갈참나무와 졸참나무의 세 무리로 나누어 구분하기도 한다. 떡갈나무, 신갈나무, 갈참나무, 졸참나무는 꽃이 핀

갈색 단풍든 참나무 숲

해에 도토리 열매가 성숙하게 되어 크기가 작은 편이다. 상수리나무와 굴참나무는 다음 해에 성숙해서 큰 편이다.

남부지방에서 살고 있는 상록활엽수는 가시나무 4종은 가시나무, 종가시나무, 붉가시나무, 졸가시나무 등이 있다. 중부지방에서는 볼 수 없지만 남부지방 특히 제주의 숲에 가면 흔하게 만날 수 있다. 토심이 깊은 비옥한 땅에서 왕성한 생육을 하며, 생장속도가 비교적 빠른 편이다. 목재는 단단하고 강인하여 용도가 다양하고 열매는 식용으로 이용한다. 상록성인 잎은 조밀하게 나고 광택이 있으며, 원정형으로 자라 조경수로 인기가 많은 편이다. 내조성이 강하여 해안의 정원이나 공원에 방풍림 · 방화수 · 생울타리용으로 식재한다.

상록성인 붉가시나무

난형난제

옛사람들도 참나무 구별하는 방법을 고민했다는데 잎의 특성에 따라 상수리나무와 굴참나무, 신갈나무와 떡갈나무 그리고 갈참나무와 졸참나무로 대강 구별했다. 사는 장소별로는 인가와 가까운 낮은 산에는 상수리나무와 굴참나무가 많이 있고, 습기가 많은 계곡에 갈참나무와 졸참나무가 주로 산다. 산꼭대기 능선의 척박한 땅에 신갈나무가, 습도가 적당하며 통풍이 잘되는 고개마루에 같은 곳에는 떡갈나무가 분포했다. 오늘날 숲해설사 교육생들도 참나무 종류를 구분하는 방법을 고민하고 있다고 한다.

상수리나무(*Quercus acutissima*) 도토리를 으뜸으로 치는 것은 굵기도 하려니와 임진왜란때 선조에게 수라상으로 올라간 사연이 유명하고, 산기슭에서 살고 있어 도토리 채집이 쉬운 이유도 있다. 집단으로 서식하고 양지바른 산기슭에서 자라고 옆보다 위로 크게 성장한다. 동그란 얼굴의 장난꾸러기 아이가 머리를 뽀글뽀글 파마한 느낌이 바로 상수리 도토리다. 성장이 빨라 나무를 심은 뒤 10년 정도면 목재로 이용할 수 있다. 비교적 수형이 좋은 편이라 최근 들어 조경수 수요가 늘어나서 재배하는 생산농가가 많아졌다. 다른 참나무들은 산림에서 직접 굴취하여 공사현장에 반입하는데 뿌리분이 부실하여 하자가 많이 발생하는 편이다.

상수리나무 굴참나무 떡갈나무

굴참나무(*Quercus variabilis*) 껍질은 코르크 층이 발달하여 산골집 너와지붕 재료로 사용한다. 보통의 나무들은 껍질을 벗기면 죽는데 이 나무는 죽지 않는데, 10년 간격으로 코르크 층을 벗겨내면 밑에서 새로운 코르크 형성층이 재생된다. 8월 경 수피 만 벗겨야 하고 안쪽으로 상처를 내면 안된다. 오래 살아남은 굴참나무는 천연기념물로 지정된 3주가 있는데 강감찬 같은 역사적인 인물의 설화가 전해진다. 목재의 재질이 상수리나무보다 떨어져서 오래 살 수 있었다고 하니 '굽은 나무가 선산을 지킨다'라는 속담에 어울리는 참나무다.

상수리나무와 굴참나무의 잎은 긴 타원 모양이며, 가장자리에 바늘 모양의 예리한 톱니가 있다. 이 두 잎은 바늘 모양의 톱니, 잎의 색과 길이에서 차이를 나타낸다. 상수리나무는 바늘 모양 톱니가 희게 보이고 잎 표면은 연한 녹색이다. 굴참나무는 바늘 모양 톱니에 엽록체가 있으며, 잎 뒷면은 별 모양의 흰색 털이 빽빽이 나서 회백색으로 보인다. 상수리나무의 잎은 굴참나무에 비해 약간 길며, 상수리나무의 잎자루 길이는 굴참나무보다 짧다. 열매는 둘 다 둥근 모양이며, 열매는 싸고 있는 각두는 뒤로 젖혀진 줄 모양의 포로 덮여있다. 상수리나무의 열매는 각두에 1/2쯤 싸이며, 굴참나무의 열매는 각두에 2/3쯤 싸인다.

떡갈나무(*Quercus dentata*)는 여러 참나무 가운데 가장 큰 잎을 가지고 있고, 갈변한 잎은 가장 오랫동안 겨우내내 달려있다. 잎 표면에는 어려서 털이 있다가 자라면서 대부분 사라지고 가운데에만 남으며, 뒷면에는 끝까지 별처럼 생긴 털들이 달려 있다. 잎 가장자리에는 파도처럼 끝이 뭉툭한 톱니들이 있다. 동양 3국에서 이름에서처럼 떡을 찌거나 싸는데 쓰인다. 나무껍질에 타닌 함량이 많고, 술통을 만드는 재료로 유명하다.

신갈나무 갈참나무 졸참나무

신갈나무(*Quercus mongolica*)는 키가 낮은 편인데 이리저리 구부러지면서 성장한다. 척박한 능선에서 비바람과 건조한 환경과 싸우며 살아간다. 뿌리가 토양을 잡아줘 산사태를 방지한다. 봄에 새 잎은 가장 늦게 피어나는데 가을 단풍은 그다지 화려하지 않다. 실속있게 잎속에 남아있는 영양물질을 회수하여 겨울철을 대비한다. 찬바람에 겨울눈이 마르는 것을 방지하기 위해 나뭇잎을 끝까지 떨어트리지 않고 겨우내 붙잡아 놓는다. 천이현상에 따라 우리나라 숲이 참나무로 변해가는 과정이지만 일정한 고도 이상 올라가면 신갈나무가 숲을 이루고 있다. 남산 북쪽 사면도 신갈나무숲이다. '신갈나무 투쟁기'라는 스테디셀러 책으로 유명해졌다.

떡갈나무의 각두는 짙은 갈색을 띠는 긴 줄 모양의 포에 싸여 있는 반면, 신갈나무의 각두를 싸고 있는 포는 비늘조각 모양이다. 잎은 거꾸로 선 달걀 모양이며, 가장자리에 큰 물결 모양의 톱니가 있다. 떡갈나무나 신갈나무의 잎자루 길이는 짧아 잘 보이지 않는다.

갈참나무(*Quercus aliena*)는 잎의 생김새가 가장 균형 잡혀 있다고 평가받는다. 잎이 가을 늦게까지 달려있고 단풍색깔도 황갈색 이라서 '가을참나무' 라고 부르던 것이 갈참나무가 되었다고 한다. 강변과 가까워 물이 풍부한 토양에 많이 산다. 낙엽은 안으로 오그라들어 동그랗게 되어 잘 굴러 다닌다. 종묘 뒷산에 대규모 군락이 있다.

졸참나무(*Quercus serrata*)는 적황색이나 적갈색 단풍이 가장 아름답다고 한다. 생명력이 강하고 뿌리발달이 좋아 산사태 방지에 도움을 준다. 도토리묵 맛이 제일 좋다. 참나무중에서 잎이 가장 작아서 졸참나무라고 하고 도토리도 가장 작은데 타원에 가깝다

갈참나무 잎은 거꾸로 선 달걀 모양이며, 졸참나무의 잎은 긴 타원 모양이다. 갈참나무 잎 가장자리는 물결모양으로 떡갈나무나 신갈나무의 잎과 모양이 비슷한데, 잎자루가 잘 보이지 않는 두 잎에 비해 갈참나무의 잎자루 길이는 2cm 내외로 확연히 보인다. 졸참나무 잎은 가장자리에 갈고리 같은 톱니가 있으며, 잎 크기는 참나무 6종 중 가장 작다. 갈참나무 도토리는 달걀 모양이며, 졸참나무는 긴 타원 모양이다. 두 나무의 열매 모두 열매를 싸고 있는 각두가 비늘 조각 모양의 포로 덮여 있다. 갈참나무의 열매는 각두에 1/2쯤 싸이고 졸참나무의 열매는 각두에 1/3쯤 싸여있다.

DMZ수목원의 졸갈참나무

우리나라 산림 대부분은 일부 조림지를 제외하면 대부분 참나무류로 채워져 있다. 넘쳐나는 참나무류는 산림 속에서 오랜 세월동안 다양한 잡종을 만들어 냈다. 졸갈참나무, 떡신갈나무, 떡신졸참나무 등이 생겨나 식물분류학자들의 논쟁을 불러 일으킨다. 평북 달천강 강변마을에서 태어난 소월이 지은 '엄마야 누나야' 시에 '뒷문 밖에는 갈잎의 노래'라는 구절이 있다. '갈잎'이 갈대잎, 갈참나무 잎 또는 떡갈나무 잎이냐를 가지고 여러 사람들이 즐거운 논쟁을 하고 있다. 강변에서 떡갈나무나 갈참나무가 살고 있는지 시인의 고향에 가봐야 알 수 있을 듯하다.

도토리거위벌레가 자른 참나무 가지

장강의 뒷물결이 앞물결을 밀어낸다

참나무는 끈기있게 기다릴 줄 안다. 우리나라 산림은 소나무숲에서 참나무숲으로 바뀌어 가고 있다. 느리게 자라는 참나무림이 시간이 흐르면 송림을 뒤덮어 버린다. 마치 뒷물결이 앞물결을 밀어내는 이치와 같다. 숲은 나무의 종류가 고정되지 않고 기후, 지질학적 힘 등 외부적 요인과 군집 내 생물의 활동 등 내부적 요인에 의해 끊임없이 변해가는데 이러한 과정을 천이라고 한다. 자라는데 햇빛이 필요한 양수인 소나무는 천이의 초기 수종이다. 참나무는 음수로 다른 나무 그늘 아래에서 견디어 내다가 어느 순간 소나무숲을 덮어버리며 숲의 지붕이 된다. 소나무는 그늘 속에서 점점 세력이 줄어든다.

8월말 산길을 걷다 보면 참나무 잎과 도토리가 달린 가지가 가위로 잘려서 산길에 떨어져 있는 것을 볼 수 있다. 사실은 '토리거위벌레'가 한 짓이다. 도토리거위벌레의 성충이 연한 참나무 가지를 잘라 땅에 떨어뜨린다. 알에서 깨어난 애벌레는 도토리를 양분으로 삼아 먹으며 자라고, 다 크면 땅속으로 들어가 번데기가 되어 봄을 기다린다. 얼핏보면 참나무에 해를 끼치는 듯 보이지만 적당한 개체수 조절을 위한 자연의 섭리로 이해할 수 있다.

이와 별도로 북한산에 많은 참나무가 '참나무시들음병'에 걸려 죽는 현상이 발생했다. 참나무 시들음병은 신갈나무, 졸참나무, 상수리나무 등을 죽게하는 나무 전염병이다. 곰팡이 종류인 라펠리아균이 광릉긴나무좀이란 곤충을 매개로 전염병을 확산시킨다. 이 균을 가진 광릉긴나무좀이 참나무 줄기 속으로 들어가서 곰팡이가 나무의 도관을 막아 죽게 하는 것이다. 주로 신갈나무와 흉고직경이 30cm가 넘는 큰 참나무가 피해를 받았다. 지금은 선제적으로 방제하여 전염을 멈췄다. 기후변화 때문에 생긴 한반도 온난화로 인하여 전에 볼 수 없었던 나무 전염병이 나타난 것이다.

참나무시들음병 방제

전래 설화에 참나무는 산 위에서 들을 내내 바라보고 섰다가 풍년이 들면 열매를 조금 맺고, 흉년이 들면 열매를 많이 맺는다는 이야기가 전해진다. 사실은 모내기할 때 비가 오면 모내기에 유리하지만 참나무 가루받이는 불리하고, 그 반대다.

참나무는 굶주림에서 벗어날 수 있는 구황식물로 인류의 생존에 도움을 주었고 여러 나라에서 문명을 탄생시킨 어머니 나무로 숭배받았다.

최근 국가를 상징하는 광화문광장에 참나무숲이 만들어졌다. 성질 급한 민족성에 맞춰 커다란 갈참나무, 떡갈나무, 상수리나무, 굴참나무 등으로 숲을 조성했다. 과연 도심광장의 건조하고 불량한 토양조건을 견뎌내 살아갈지 지켜볼 일이다.

광화문광장의 참나무숲

칠엽수(천안연암대학교)

칠엽수

Aesculus turbinata
(horse chestnut 七葉樹)

오래 전부터 살던 것처럼

칠엽수는 낙엽 활엽 교목으로 넓은 잎이 무성하게 달리며 우리나라 전역에 심을 수 있는 조경수이다. 키가 20~30m 이상 자랄 만큼 수형이 웅장해서 넓은 녹지에 심으며 가로수와 녹음수로 이용한다. 작은 잎 7장의 가운데가 제일 크고 길며 양옆으로 갈수록 작아져 전체가 둥근 모양을 이룬다. 실제로는 5장이나 8장도 있을 정도로 변이가 많고 가장자리에 둔한 톱니가 있다. 5월 말에 피는 꽃은 꽃대 하나에 백 개가 넘는 작은 유백색 꽃이 모여 피는데 초록색 잎을 배경으로 등불을 걸어놓은 듯한 모습이다. 흰색 바탕에 붉은 무늬 꽃이 가지 끝에 원추형으로 촘촘하게 핀다. 향기가 좋고 꿀이 많아 밀원식물로도 좋다. 외래종이지만 우리나라 기후에 잘 맞아 생육이 좋은 편이다.

꽃 비교(좌-칠엽수 우-가시칠엽수)

한여름 무더위를 피할 수 있는 그늘을 만들어 주는데 탁월하다. 꽃이 떨어지고 나서 8월이 되면 갈색의 탁구공 크기의 열매가 익기 시작하고 초가을에 세 갈래로 갈라지면서 땅에 떨어진다. 밤보다 조금 더 큰 열매는 반질거리며 먹음직스러워 보이지만 타닌 성분과 마취 성분이 있어 사람이 먹으면 배탈이 심하게 난다. 늦가을에는 노랗게 단풍이 들긴 하는데 이내 낙엽으로 떨어지는 편이다. 겨울눈은 큰 편이며 끈적거리는 나무진으로 덮혀 겨울을 견딘다.

우리나라에서는 일본칠엽수가 대부분을 차지하고 있다. 아주 드물게 볼 수 있는 가시칠엽수(*Aesculus hippocastanum*)는 유럽산으로 흔히 마로니에라고 부른다. 이 두 종류 나무를 구별하기 쉽지 않은데, 열매를 싸고 있는 껍질이 매끈하면 칠엽수, 가시가 있으면 가시칠엽수로 쉽게 구별할 수 있다. 7장으로 갈라진 작은 잎이 길쭉한 타원이면 칠엽수, 달걀을 거꾸로 세운 모양이면 가시칠엽수이다. 두 종류가 같이 있으면 구분하기 쉽지만 잎의 모양으로 구분하기는 쉽지 않다. 프랑스 파리 몽마르트 언덕과 샹젤리제 거리에 가로수로 심은 가시칠엽수인 마로니에는 파리를 상징하는 나무로 널리 알려져 있다.

칠엽수 열매 표면에 가시가 없음/가시칠엽수 열매 표면에 가시가 있음

독과 약의 경계

가을이 오면 가로수 관리기관마다 은행나무나 칠엽수 등 가로수 열매로 인한 민원 때문에 바빠진다. 고약한 냄새를 풍기는 은행 열매와 밤같이 생겨서

호기심에 먹다가 배탈이 나는 칠엽수 열매를 치우느라 고생한다. 9월 중순부터 칠엽수 열매가 땅에 떨어져 껍질이 벌어지면 밤처럼 생긴 종자가 나온다. 칠엽수 열매를 먹지 말라는 안내문을 여기저기 붙인다. 열매 속 다양한 성분이 사람에게 독성으로 작용하기 때문이다. 먹지 말라고 하면 꼭 한 번 깨물어 보는 사람 있겠지만, 자연에서 채취하는 모든 동식물은 다소간의 독성물질이 있기 마련이다. 꽃무릇 잎을 부추로 알고 먹거나 칠엽수 열매를 날 것으로 먹으면 구토와 설사를 일으키게 되고 심하면 응급실로 가야 한다.

칠엽수 열매에 이처럼 독이 있는데도 말은 몸이 안 좋을 때 스스로 이 열매를 찾아서 먹는다고 한다. 그래서 영어로는 'Horse chestnut'으로 부른다. 열매의 성분은 독이 되기도 하지만 약이 되기도 한다. 초식동물들이 자기 잎이나 열매를 지나치게 많이 먹지 못하게 식물은 적당한 독성을 만들도록 진화했다고 한다. 자연계에 있는 대부분의 독성 물질은 적정량을 사용하면 약이 될 수도 있지만, 약과 독의 경계는 아슬아슬하다. 원산지인 일본에서는 이같은 독성을 제거하여 다양한 음식을 만들어 먹는다고 한다. 그러나 우리나라에는 참나무 도토리를 흔하게 구할수 있어서 굳이 일제 강점기에 들어온 칠엽수 열매 가공법이 발달하지 않았다.

마로니에공원에는 마로니에가 없다

우리 주변에서 보이는 칠엽수는 일제 강점기에 경성제국대학 동숭동 캠퍼스에 처음 심었다고 한다. 지금도 대학로 마로니에공원에 서 있는 커다란 나무인데 당연히 일본 원산의 칠엽수이다. 근거를 알 수 없는 마로니에 예찬 세태에 기대어 오랫동안 마로니에로 알려졌다. 이 칠엽수는 소설이나 대중가요에 마로니에라는 이름으로 등장해 멋진 나무의 상징으로 오랫동안 대중들에게 각인 되어 왔다. 마로니에공원이라는 이름으로 조성하면서 뒤늦게 일본칠엽수 7주와 더불어 마로니에 2주를 추가로 식재한 것으로 보인다. 이처럼 칠엽수를 마로니에로 부르듯이 동백을 '까멜리아', 붓꽃을 '아이리스'라고 이름지어야 고급지게 보이는 사대주의에서 빨리 벗어나야 한다.

우리나라에 처음 들어온 마로니에라고 부르는 가시칠엽수는 서울 덕수궁에 아름드리 거목으로 성장해 살고 있다. 대한제국 시기에 네덜란드 공사가 1912년 회갑을 맞은 고종에게 선물로 심은 것이라고 하니 최소 120살은 넘는다. 가시칠엽수는 열매에 가시가 있어 쉽게 구별할 수 있는데 꽃잎 안쪽에 붉은색 무늬가 있고 칠엽수보다 조금 더 하얗다.

가시칠엽수(덕수궁)

칠엽수(마로니에공원)

19세기 유럽의 문화 수도인 파리는 예술가들의 천국이었다. 전세계에서 모인 예술가들은 몽마르트르 언덕 마로니에 그늘 아래에서 철학과 시와 그림으로 교감하고 예술혼을 꽃피웠다고 한다. 빈센트 반 고흐의 '꽃이 핀 마로니에 나무'와 철학자 장 폴 샤르트르의 소설 '구토'에서 마로니에는 주인공으로 등장했다. 안네의 일기에 나오는 '안네프랑크나무'는 이웃한 암스테르담에 있던 마로니에다. 우리나라 시인 이성복은 파리에 머물면서 '높은 나무 흰 꽃들은 등을 세우고' 라는 연작시에 파리의 풍광을 마로니에로 노래했다. 이처럼 마로니에는 예술 장르에 영감을 주는 나무였고 지금은 가로수로 줄지어 심어 도시경관에 활력을 주고 있다.

나무가 아닌 장소가 중요

열매가 벌어지는 시기에 곧바로 파종하여 묘목을 생산한다. 원예품종의 경우에는 특성을 유지하기 위해 늦겨울에 접목하거나 이른 여름에 눈접을 하는 것이 좋다. 봄에 연두색 잎이 나올 때 마치 어린 아이가 손바닥을 아래를 향해 펴는 듯한 모습을 보인다. 화려한 꽃이나 잎의 색상이 다양한 원예종이 개발되어 식물원에 가면 볼 수 있다. 유리알락하늘소 피해가 자주 발생하므로 발견 즉시 방제를 해야한다.

배수불량한 토양의 칠엽수(양재시민의 숲)

칠엽수 단풍

유럽과 마찬가지로 우리나라에서도 가로수로 식재하고 있다. 뜨거운 햇살을 막아주기 때문에 플라타너스, 히말라야시다, 은행나무 등과 함께 세계적으로 많이 심는 가로수 수종으로 꼽힌다. 가지가 넓게 퍼지면서도 수형을 스스로 잡으며 그늘을 만들어 공원 녹음수로도 이용된다. 공해나 추위에 강하고 양지나 반그늘에서 잘 자라는데 적당한 습도가 있으면 더욱 잘 자랄 수 있다. 배수가 불량한 토양조건에서도 잘 견딘다.

지난 10여년 동안 혁신도시나 신도시에 가로수로 많이 심었다. 차도와 인접해 있어 항상 건조한 환경으로 수분스트레스를 견디지 못하여 고사하는 경우가 많았다. 생육 환경이 극도로 나쁜 곳에 식재한 후 가뭄이 지속되어 꾸준한 물주기 작업을 해도 많이 죽었다. 그나마 건조에 강한 다른 수종은 살아 남을 수 있었지만, 칠엽수는 90% 이상 죽어서 커다란 사회 문제가 되었다. 가로수로 살아남기 어려운 환경을 감안하지 않고 가로수 수종을 선정한 결과였다.

여름철 수분 공급이 부족하면 스스로 잎을 떨어트려 죽은 것처럼 보이나, 이듬해 새 잎이 나면서 회복한다. 건조 피해를 즉시 알려주는 잎의 특성을 이용하면 도시 환경에서 가뭄이나 도시열섬 현상을 알려주는 지표종으로 활용할 수 있다.

가뭄 피해를 입은 칠엽수

대왕참나무

Quercus palustris (pin oak)

대왕과 pin

'참나무'란 참나무속에 속하는 여러 나무를 공통으로 부르는 말이다. 다양한 쓰임새가 있어서 진짜 나무라는 뜻이며, 이 참나무속 나무는 모두 도토리라고 불리는 단단한 열매를 생산해서 '도토리나무'라고도 부른다. 겨울에 낙엽지는 낙엽활엽수와 일년 내내 상록인 상록활엽수가 있으며, 북반구의 온대와 열대지방에 250여종이 분포하고 있다. 우리나라에는 참나무 6형제라고 부르는 상수리나무 · 굴참나무 · 떡갈나무 · 신갈나무 · 갈참나무 · 졸참나무가 있다. 남부지방에는 상록활엽수인 가시나무 · 종가시나무 · 붉가시나무 · 졸가시나무 등이 살고 있다.

목재는 매우 단단하여 쓰이는 곳이 많으며, 열매는 물에 불려 도토리묵을 만들어 먹는다. 굴참나무 껍질은 코르크층이 발달해 지붕재로 쓴다. 우리나라에서는 자연 상태의 산에서 산림식생의 대부분을 이루고 있다. 이들 토종 참나무 종류들은 제멋대로 자라 조경수가 갖춰야 할 수형을 가지지 못하여 조경공사에 쓰이질 않았다. 조경 현장에 식재하는 경우 독립수 보다는 여러 나무를 모아 심는 편이다. 그나마 상수리나무는 수요가 있어 최근 들어 농장에서 생산하고 있지만, 대부분 수량은 산에서 굴취하여 조경 현장으로 반입하고 있다. 그러다 보니 하자가 많이 발생하는 편이라 조경공사 관계자들이 기피 하는 수종이기도 하다.

이러한 한계를 극복하고 다양한 경관을 만들기 위하여 1990년쯤 외국 참나무를 들여오기 시작하는데 대표적인 수종이 북미대륙 동부가 고향인 대왕참

대왕참나무(아산중앙병원)

대왕참나무　　　　루브라참나무　　　　로부르참나무

나무 이다. 기하학적으로 독특하게 생기고 잎 가장자리에 뾰족한 침이 달린 'pin oak'를 수입하면서 '대왕참나무'로 이름 지은 데에는 여러 가지 설이 있다. '대왕'이라는 회사 이름을 가진 수입업자가 자기 회사 이름을 넣었다는 설도 있고, 여러 참나무중 키가 가장 크게 자란다거나 잎의 모양이 임금 王자를 닮았다는 설 등이 있다. 그러나 '대왕'이라는 수식어를 붙이면 우리나라 참나무들은 신하가 되는 셈이니 차라리 원어 그대로 '핀오크'나 '침참나무'로 부르는 게 적당하지 않을까 한다. 잎이 비슷하게 생긴 red oak인 루브라참나무도 조경수로 수입해서 심고 있다. 대왕참나무와 루브라참나무는 생김새가 일정하고 비교적 건조한 환경에 잘 적응하여 하자가 적은 편이라 많이 심고 있다.

대왕참나무(광화문빌딩 공개공지)

베를린올림픽, 손기정, 월계관

1936년 독일 베를린에서 제11회 올림픽이 열렸다. 2차대전을 일으키기 전에 히틀러 총통이 독일민족의 우월성을 세계에 자랑하고자 온갖 심혈을 기울여 대회를 개최했다.

8월 9일 올림픽 마라톤 경기에서 24살의 식민지 청년 손기정 선수가 올림픽 신기록으로 우승했다. 베를린올림픽에서는 고대 그리스 올림피아 월계관의 상징적 의미를 계승하여 우승자에게 나뭇잎 관을 머리에 씌워 주었다. 올리브나무나 월계수가 아니라 독일사람들이 신성하게 여기던 '로부르참나무(*Quercus robur*)'로 관을 만들어 손기정 선수에게 수여했다. 또한 부상으로 꽃다발 대신 로부르참나무 묘목을 받았는데, 이 나무로 가슴에 있는 일장기를 가렸다고 한다.

시상대 위에 선 손기정선수

서울시 만리동 손기정기념관에는 당시 받았던 나뭇잎관, 금메달 그리고 청동투구가 문화재청 등록문화재로 지정 보관되어 있고, 참나무 묘목은 현재 손기정 기념관 앞에 높게 자라서 잘 살고 있다. 이 참나무는 오랫동안 '월계관 나무'로 부르면서 한 때 상록수인 월계수(*Laurus nobilis*)로 잘못 알려지기도 했다. 이 나무가 월계수가 아닌 참나무 일종으로 확인된 건 1982년 서울시 기념물로 제정되는 과정에서 일어났다.

시상식에서 받은 로부르참나무 묘목을 40여일이나 걸리는 귀국길에 잘 간수하여 이듬해 손기정선수 모교인 양정고등학교에 심었다. 그런데 몇 십년이 지난 후에 대왕참나무로 바뀐 데에는 여러가지 가설이 등장한다. 겨울을 지나면서 묘목이 고사해 나중에 대왕참나무로 식재했다는 주장은 당시 한국에는 대왕참나무가 수입되지 않아서 틀린 주장이라고 한다. 그래서 시상품으로 로부르참나무를 준비했지만 대왕참나무가 섞여 있었을 가능성을 주장하는 이도 등장한다. 당시 독일에도 대왕참나무가 유통되고 있었고, 묘목일 때는 두 참나무의 잎이 비슷하다는 근거로 주장한다.

필자는 2009년 서울 역삼동에 있는 대학산악연맹 사무실에 업무차 방문했다가 고 손기정 선생님을 뵌 적이 있다. 당시 78세인데도 꼿꼿한 자세와 반짝거리는 눈빛이 기억난다. 그때 로부르참나무 비화를 물어볼 걸 그랬다.

대왕참나무(손기정기념관)

반전에 반전에 반전

대왕참나무를 둘러싼 논란이 계속되자 한국전통대학교 이선교수는 논문을 발표해서 손기정선수가 받아와 심은 참나무에 대하여 다음과 같이 자세한 설명을 하였다.

1936년 손기정 선수의 베를린 올림픽 마라톤 우승은 일제강점기 고통스러운 나날을 보내던 우리 민족에게 커다란 자부심과 민족정기를 북돋아 주는 계기가 되었다. 당시 손기정 선수가 부상으로 받은 묘목은 현재 서울역 서쪽 만리동 언덕의 손기정 체육공원에 자라고 있으며, 지금은 미국산 대왕참나무(*Quercus palustris*)로 밝혀졌다.

베를린 올림픽 조직위원회에서는 130명의 올림픽 금메달 수상자 모두에게 로부르참나무로 만든 월계관과 로부르참나무 화분을 선물하였는데, 이는 독일의 힘과 환대를 표현하고자 했던 의도였다. 당시의 금메달리스트들은 본국으로 귀국하여 부상으로 받은 참나무를 심어 현재 소위 '히틀러 참나무'라고 불리는 로부르참나무가 세계 각지에 흩어져 자라고 있다.

손기정 선수는 올림픽이 끝난 후, 독일에서 출발하여 배와 비행기를 갈아타며

손기정 조형물과 대왕참나무(손기정기념관)

100일 정도 지나서 10월 17일 고국에 도착했다. 손기정 선수가 받은 로부르참나무로 만든 월계관은 현재까지 그대로 보관되어 있지만, 문제는 교정에 심은 대왕참나무이다. 이에 대해서는 두 가지 추론이 가능하다.

첫째로 당시 우승자에게 수여한 로부르참나무가 전 세계에 퍼져 자라고 있는데, 유독 손기정 선수에게만 대왕참나무를 수여했을 리가 없다. 게다가 손기정 기념관에 보관되어 있는 월계관도 로부르참나무로 제작된 것이다. 둘째는 귀국 후 겨울을 지나면서 겨우 뿌리만 살아 있는 나무를 이듬해 봄에 교정에 심어 살린 것이라 한다. 그것이 사실이라면 교정에는 로부르참나무가 자라야 하겠지만, 어찌 된 일인지 대왕참나무로 자라게 된 것이다. 이 과정에서 나무가 뒤바뀔 가능성도 조심스럽게 추정해볼 수 있지만, 결정적 실마리를 찾는 데에는 한계가 있었다.

대왕참나무 군식

대왕참나무 단풍

현재 손기정 기념관에 있는 대왕참나무는 여러 우여곡절과 역사적 사실과 관계없이 그 나름의 의미와 가치가 있음으로 지속적으로 관리되어야 한다. 또한 당시에 올림픽 우승자가 부상으로 받은 월계관과 월계수는 모두 독일의 대표 수종인 로부르참나무였으므로 지금이라도 로부르참나무 묘목을 구해 손기정 기념공원에 심는 것도 의미 있을 것으로 생각된다.

차도남

대왕참나무는 가로수처럼 열식을 하거나. 비교적 넓은 녹지에 일정한 간격으로 바둑판 모양으로 식재하는 게 좋다. 느티나무처럼 잎이 무성하게 자라지는 않지만 곧게 솟은 줄기와 수평으로 뻗는 곁가지가 균형이 잘 잡혀 있다. 현대 도시의 엄격한 직선 풍경을 완화해주는 수형을 가지고 있어, 도시의 공개공지에 많이 심겨 있다. 인위적으로 전정하여 그늘막이나 미세먼지를 잡겠다며 파리채 모양 제품도 개발되었다.

미세먼지 저감용 대왕참나무

지하주차장 위에 성토한 건조한 환경에서도 잘 적응한다. 여름철에 반질거리는 잎은 가을철 새빨간 단풍으로 눈길을 끈다. 겨울동안 갈색으로 변한 잎이 매달려 있어 색다른 경관을 만든다. 독특한 수형을 자랑하는 조경수로 인기가 좋은 편이다.

아파트단지의 단풍나무

단풍나무

Acer palmatum
(Palmate maple 丹楓)

울긋불긋

가을에 단풍 드는 나무 가운데 으뜸이라서 단풍나무라고 부른다. 햇볕이 강한 곳보다는 큰 나무 밑이나 나무와 나무 사이에서 잘 자란다. 단풍나무는 잎이 손바닥을 펼친 모양으로 여러 갈래로 갈라지고 V자 모양 날개 속에 열매가 달린다. 잎이 피면서 붉은 꽃봉오리를 가진 꽃이 핀다. 꽃은 수꽃과 양성화가 한 그루에 피는데 안개꽃보다 작아서 여러 꽃이 다발로 모여서 피어난다. 나무 자체의 수액에 설탕 성분이 많아서 진딧물이 엄청나게 달려든다. 가을이 깊어지면 일교차가 커지면서 설악산 같이 높은 산부터 단풍으로 물들기 시작한다. 단풍나무의 잎은 새빨갛게 물들어 수많은 가을 단풍 종류 가운데 가장 맑고 아름다운 색깔을 띤다.

내장산 단풍

우리 궁궐에서 단풍나무를 쉽게 찾을 수 있다. 창덕궁 후원에는 참나무와 때죽나무에 이어 세 번째로 많은 나무가 단풍나무다. 후원에서는 키 큰 활엽수가 그늘을 만들어 단풍나무가 자라기 좋은 조건을 갖추고 있어서 단풍나무가 자생하고, 추가로 심기도 하여 단풍나무가 더욱 많아졌다고 한다. 정조대왕의 기록을 보면 후원 춘당대 옆에 있는 '단풍정'에서 활쏘기 등 여러 행사가 있었음을 알 수 있다. 자연 천이에 따라 지금은 창덕궁 후원 부용지 주변에 단풍나무는 거의 사라졌다.

단풍나무속에 포함되는 식물은 우리나라에 30여 종류가 있다. 도시에서 흔히 볼 수 있는 '단풍나무' 외에 여러 가지 단풍나무가 있다. 중부지방의 산속에서 흔히 볼 수 있는 빨갛게 단풍 든 나무는 대부분 '당단풍나무(*Acer pseudosieboldianum*)'이다. 열매가 하늘을 올려다 보고 잎이 8~9개로 갈라져서 5~6개로 갈라지는 단풍나무와 구별할 수 있다. 잎이 7~9개로 갈라지고 뒷면 잎맥 위에 갈색 털이 있으며 열매가 수평으로 벌어지는 것을 '내장단풍', 잎 표면에는 털이 있으나 뒷면에는 없고 열매가 좁은 단풍의 반 정도로 큰 것을 '아기단풍'이라고 한다. 진한 주홍색으로 물드는 '중국단풍(*Acer buergerianum*)'은 척박한 토양에서도 잘 산다. '복자기(*Acer triflorum*)'는 단풍나무 가운데 가장 색이 곱고 진하여 세계적으로도 널리 알려져 있는 조경수로 도시지역에 많이 심는 나무이다. 봄에 수액을 채취하는 '고로쇠나무'도 단풍나무속에 포함 되지만 단풍은 그리 화려하지 못하다. 잎이 세갈래로 갈라진 '신나무'는 붉은 단풍이 아름답고 열매가 많이 달린다.

시계방향으로 단풍나무-당단풍나무-중국단풍-신나무-공작단풍-복자기

잎이 봄부터 가을까지 붉은 '홍단풍'이나 잎이 잘게 갈라져 있는 '공작단풍'은 일본에서 건너온 원예종이다. 잎을 국기에 넣을 정도로 캐나다의 단풍나무는 유명하다. 잎이 세 갈래로 갈라진 캐나다 단풍나무의 학명은 '*Acer saccharum*'으로 종명에서 보듯이 설탕과 관련이 있어 '설탕단풍'이라고 부르기도 한다. 이 단풍나무에서 추출 가공한 것이 널리 알려진 캐나다산 메이플 시럽이다.

단풍 든다는 것

나뭇잎에는 광합성을 하는 초록색 엽록소와 더불어 노란색 카로티노이드와 붉은색 안토시아닌 등의 색소가 숨어 있다. 엽록소는 햇빛과 물로 탄수화물을 만드는 광합성을 하는데 식물이 한창 성장할 때는 왕성한 활동을 하여 나뭇잎이 녹색으로 보인다. 하지만 가을로 접어들면 변화가 일어난다. 기온이 떨어지면 잎자루에 떨켜가 생겨 잎에서 만든 탄수화물이 줄기로 가지 못하고 탄수화물이 쌓여 산성화되면서 엽록소가 파괴된다. 녹색의 색소가 없어지고 노란색 또는 빨간색 색소가 만들어져 서로 어울려 여러 가지 빛깔의 단풍을 만들게 된다. 같은 나무에서도 카로틴이나 크산토필, 타닌 같은 색소와 안토시아닌, 탄수화물 등이 복합적으로 작용하여 특유의 단풍색이 만들어진다.

대서양을 사이에 두고 유럽의 단풍은 노란색이 대부분이고, 북미대륙은 거의 다 붉은색 단풍이다. 지난 2009년 이스라엘과 핀란드 공동 연구진은 그 원인을 서로 다른 지질 변동에서 찾았다. 3,500만 년 전 지구가 빙하기를 거치는 과정에서 산맥이 남북 방향으로 발달한 아시아와 북미에선 기온 변화에 따라 나무들이 남쪽으로 내려가면서 해충도 따라갔기 때문에 해충 퇴치를 위해 계속 빨간 색소인 안토시아닌을 만들도록 진화했지만, 산맥이 동서 방향으로 발달한 유럽에서는 나무와 해충이 남쪽으로 내려갈 수 없어서 모두 멸종했기 때문에 그 뒤에 생긴 나무들이 굳이 안토시아닌을 만들 필요가 없어져서 노란색 단풍이 우세해졌다는 결론을 내렸다.

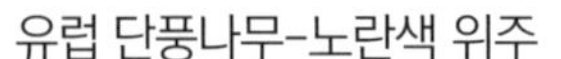

유럽 단풍나무-노란색 위주　　북미대륙 단풍나무-빨간색 위주

단풍 색깔은 보통 붉은색, 노란색, 갈색의 3가지가 많다. 붉은색은 단풍나무, 신나무, 옻나무, 붉나무, 화살나무, 복자기, 담쟁이덩굴 등이 손꼽히고, 노란색은 은행나무를 비롯해 아까시나무, 피나무, 호두나무, 튜립나무, 생강나무, 자작나무, 물푸레나무 등이다. 노란색이나 붉은색에 뒤질세라 늦가을에 절정을 보여주는 참나무류나 느티나무의 황갈색은 가을을 더욱 화려하게 수놓는다.

가을 단풍의 아름다움을 결정하는 요인은 온도, 햇빛, 그리고 수분의 공급이다. 우선 낮과 밤의 온도차가 커야 하지만 영하로 내려가지 않아야 하고 일사량이 많아야 한다. 특히 붉은색을 나타내는 안토시아닌은 기온이 서서히 내려가면서 햇빛이 좋을 때 가장 색깔이 좋다. 적당한 습도를 유지해야 하지만, 춥고 비가 오면 충분히 단풍 들기 전에 잎이 떨어지거나, 너무 건조하면 단풍을 보기 전에 잎이 타버려서 산뜻한 단풍을 보기 어렵다.

만산홍엽(滿山紅葉)

가을 단풍의 상징은 붉은색이라고 할 수 있다. 당나라 시인 두보는 산행(山行)이란 시에서 '서리 맞은 단풍잎이 이월 봄꽃보다 더 붉다' 라고 했다. 그러나 아름다움에는 날카로운 가시가 숨겨져 있다. 붉은색 단풍잎에는 해

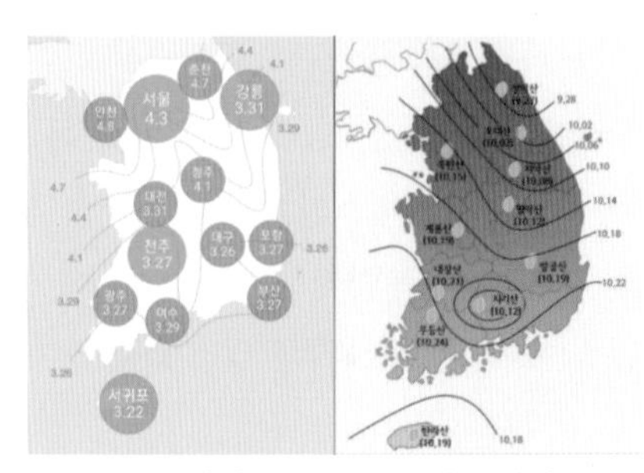

벚꽃개화　　단풍절정

충은 물론 주변에 살고 있는 다른 식물의 생장을 억제하는 비밀이 숨어있다. 봄철의 벚꽃 구경과 함께 가을의 단풍은 그 자체로 화려한 구경거리이기도 하다. 일주일이면 절정기가 끝나는 벚꽃과 달리 단풍 시즌은 좀 더 오래 가는 편이다. 남쪽에서 올라가는 벚꽃과 반대로 북쪽이나 고도가 높을수록 단풍이 먼저 물든다. 봄에는 하루에 20킬로미터 속도로 북쪽으로 올라오고 가을에는 30킬로미터 속도로 남녘으로 내려간다.

우리나라의 가을 날씨는 아름다운 단풍을 만들 수 있는 조건을 충족한다. 한반도처럼 아름다운 단풍을 볼 수 있는 지역은 세계적으로도 드물다. 아름다운 단풍을 만들기에 적당한 기상환경을 가진 지역이 많지 않기 때문이다. 가을 단풍철이 되면 온 나라가 울긋불긋한 단풍으로 물들어 어디를 가도 단풍을 즐길 수 있다. 설악산이나 내장산을 비롯한 유명한 산은 말 할 것도 없고, 오래된 사찰 주변은 다양한 나무들이 일제히 단풍이 들어 황홀한 경관을 펼쳐 보여준다. 경주 힐튼호텔 진입로에 조성한 단풍나무 터널은 일부러 다간형 단풍나무로 식재하여 울창한 단풍 숲을 보여주고, 천안 독립기념관이나 인천대공원의 단풍숲길도 유명하다.

독립기념관 단풍길

도시민에게 계절의 변화를 알려주다

단풍나무 생산은 주로 종자로 번식하는데 씨앗이 여문 후 직파하거나, 저온저장 또는 노천에 매장했다가 이듬해 봄에 파종하는 것이 좋다. 씨앗이 건조하거나 숙성되면 발아율이 떨어지므로 채종 후 약 48시간 정도 물에 담가 놓은 후에 저장하거나 파종을 하는 것이 좋다. 원예종의 경우 대부분 접목하는 방식으로 생산한다. 일부 종은 꺾꽂이나 휘묻이도 가능하다. 일반적으로 배수가 잘되고 거름기가 풍부한 토양에서 잘 자란다. 양지나 약간 그늘진 곳에서도 잘 자란다. 가지치기는 꼭 해야 할 필요는 없으나 생육이 불량하거나 나무 모양을 망치는 가지가 생길 경우 휴면기인 겨울철에 하는 것이 좋다. 조경수로 느티나무와 쌍벽을 이루고 수요가 많은 편이다.

단풍나무 선큰가든(제일은행 본점)

1987년 여름 6 · 29선언을 이끌어 낸 화이트칼라 데모 행렬이 한 달 내내 종로에서 벌어졌다. 필자는 당시 종각 사거리에서 제일은행본점 건설현장에서 조경공사를 하고 있었는데, 매일같이 데모군중을 향해 쏜 최루탄 가스에 고통을 받곤 했다. 6 · 29선언으로 데모가 사라진 다음 종각역 지하1층에서 건물로 이어지는 선큰가든에 나무 3주를 심을 공간이 생겨났다. 감독은 상록수인 소나무를 심으라고 지시했지만, 낙엽수인 단풍나무를 고집하여 식재하게 되었다. 출근길 만원 지하철에서 내려 건물로 들어서는 직장인들에게 계절의 변화를 느낄 수 있도록 하자고 주장하였다. 앙상한 가지에서 아기 주먹같은 새잎을 보고 봄을 느끼고 빨갛게 드는 단풍을 보고 가을을 느끼도록 하자고 설득했다. 종각 가로변 3열 느티나무 숲과 선큰가든의 단풍나무 3주를 지켜낸 일은 아직도 조경기술자의 자부심으로 남아있다.

백합나무(튤립나무)

Liriodendron tulipifera
(tulip tree 鵝掌楸)

슈트핏(Suit fit)이 좋다

도시녹지나 아파트에서 드물게 볼 수 있는 훤칠한 키에 매끈한 수형을 자랑하는 백합나무는 잎이 무성하게 달리고 녹황색 꽃이 피는 나무다. 미국 중북부 지방이 고향인데 1900년대 초에 우리나라에 들어와 비교적 전국에 널리 퍼져 잘 자라고 있다. 잎자루가 길어 포플러를 닮았으며 속성수로서 나무높이 최고 60m, 둘레가 10m까지 자랄 수 있다. 미국에서는 'yellow poplar'라고도 한다. 백합나무 잎은 군더더기가 없이 깨끗하고 넓으며 기하학적으로 안정된 모습을 갖는다. 공해에 강하고 병충해가 거의 없어, 잎과 줄기 모두가 깔끔한 모습을 유지한다.

백합나무(아시아공원)

백합나무 군식(용산 아모레사옥)

백합나무는 무성한 잎 사이에 멋진 꽃을 숨겨 놓는다. 세 장의 꽃받침과 오렌지색 반점이 있는 여섯 장의 긴 타원형 꽃잎이 어우러져 와인 잔처럼 위를 향하여 피어난다. 하지만 큰 키를 자랑하다 보니 꽃이 높다란 가지에 있어 눈여겨 찾아보지 않으면 꽃을 못보고 지나치기 쉽다. 꽃 모양이 튤립 같다고 해서 일명 '튤립나무'라고도 한다. 백합나무속에는 미국산 백합나무와 중국산 중국백합나무 두 종류만 있다. 중국백합나무는 거위 발바닥을 닮은 잎 때문에 '아장추'라고 부른다.

우리나라에서는 2013년에 튤립나무에서 백합나무로 국명을 변경했다. 2019년도에는 속명까지 백합나무로 바꿔서 백합나무속 백합나무종이 되었다. 속명 '*Liriodendron*'은 백합나무라는 의미이고, 종소명 '*tulipifera*'은 '튤립이 핀'이라는 뜻이다. 학명을 감안하면 백합나무속 튜립나무종이 적당한데 이상하게 바뀌었다. 백합과 튤립은 식물을 잘 모르는 사람도 구별할 수 있는데, 백합나무 꽃을 보여주면 대부분 사람들은 튤립 꽃과 비슷하다고 한다. 더구나 우리나라와 일본을 제외하고는 전세계 모든 나라에서 튤립나무라고 부른다. 일본에서 백합목(白合木)으로 부른다는데 일본식 이름을 따른 것 같아서 씁쓸하다.

백합꽃 백합나무꽃 튤립꽃

팔방미인

백합나무는 성장속도가 무척 빠르고 탄소흡수량이 참나무류와 비교해도 2배나 높아서 기후변화시대의 탄소저장용 수종으로 각광받고 있다. 25년생 백합나무의 연간 탄소흡수량은 1ha당 10.8 CO2톤으로 소나무, 잣나무 등 다른 수종에 비해 1.2~1.7배가 높다고 한다. 이러한 연구 결과에 따라 산림청에서는 2050 탄소중립을 위해서는 탄소 저장 및 생장이 우수한 나무의 육성 및 보급이 필요하며 백합나무 같은 유망수종의 지속적 육성과 체계적 보급기준 마련을 통해 우리 산림의 탄소흡수능력을 높이기 위해 노력할 것이라고 밝혔다. 최근 기업들의 핫 이슈인 ESG에서도 '도시내 탄소흡수원 조성'이 녹색산업 활동에 포함되어 앞으로 백합나무를 이용한 대규모 탄소중립숲 조성이 예상된다.

백합나무 조림지

백합나무로 만든 목재는 밝은 노란색에서 노란빛이 감도는 녹색을 띤다. 결이 부드럽고 뜨거운 증기 속에 넣어도 물기를 흡수하지 않는 특성을 가지고 있다. 가구재, 합판, 목공제품 및 나무상자 등을 만드는 데 주로 사용된다. 생장속도가 빨라 강도가 약해 건축재로 사용하지 못하지만 펄프용재로 널리 사용하고 있다.

백합나무는 아까시나무 벌꿀 생산이 줄어드는 문제를 해결할 수 있는 대안으로 떠오르고 있다. 산림청은 기후변화의 영향으로 생산량이 급격히 줄어든 아까시나무의 대체 수종으로 백합나무를 추천했다. 개화 기간이 아까시나무보다 두 배가량 길어 생산량이 비슷하고 꿀의 품질도 우수하기 때문이다. 백합나무는 아까시나무보다 다양한 토양에서 생육할 수 있고 수명도 200년에 달해 70년인 아까시나무보다 3배나 길다. 병충해에 강해 한 번 조성해 놓으면 밀원자원으로 오래 활용할 수 있다는 것도 큰 장점이다. 백합나무는 고품질의 목재와 영양 만점인 꿀을 얻을 수 있는데다가 이산화탄소 흡수 능력까지 뛰어난 팔방미인인 셈이다.

복불복

인천시와 대전시의 시목(市木)은 백합나무이다. 수형이 아름답고 내한성과 병충해에 강하고 성장이 빨라 도시내 가로수로 대량으로 식재했다. 대기오염물질을 정화하고 이산화탄소를 흡수하고 여름엔 그늘을 만들어 도시 열섬현상을 줄이는데 도움을 주고 있다.

가로수로 식재한 일부 백합나무의 경우 애물단지로 취급되고 있다. 성장이 빨라 비좁은 보도를 훼손하고 전기줄을 끊게 되어 줄기와 가지가 수시로 잘려 나갔다. 백합나무의 수형은 보잘 것 없게 되고 줄기가 썩어 강풍에 쓰러지는 재해 발생 우려가 커지고 있다. 일부 지자체에서는 소나무나 산딸나무로 수종 변경하겠다고 백합나무를 잘라내다가 시민들의 항의로 중단하기도 했다. 오래된 가로수 수종 교체는 어쩔 수 없더라도 생육조건을 개선하는 것을 먼저 해결해야 한다.

백합나무 재배가 활발하지 않던 시절에는 정성스레 식재해도 하자가 많이 발생했다. 성장이 빠르다 보니 잔뿌리 발달이 빈약하여 뿌리분을 크게 만들어 이식해도 잘 죽어 조경업체들을 많이 울렸다. 결국 백합나무가 설계되어 있으면 다른 수종으로 변경하여 백합나무 가로수가 드물게 보이는 현상이 발생하게 되었다. 하자 원인을 따져보니 도시 가로수 식재 장소의 토양과 습도가 불량했기 때문이다. 그러나 대통령 별장인 청남대의 진입로 2km구간에 가로수로 심은 백합나무 430그루는 잘 살고 있다. 또한 1985년에 조성한 잠실 아시아공원 녹지에 심은 백합나무는 커다랗게 성장한 걸 보면, 비좁은 도로변에 가로수로 식재한 백합나무는 운이 없다고 할 수 있다.

청남대 백합나무길

사라진 숲

백합나무는 종자 파종보다는 삽목으로 재배하고 있다. 식재 지역에 따라 생장 차이가 많이 나는데 습윤지나 하천 유역에서 잘 자라는 편이다. 급경사 지역은 피하는 것이 좋다. 양지에서 잘 자라며 건조에 견디는 힘이 강하다. 도시 공해물질에 잘 견디지만 염분에는 약한 편이다. 병충해가 거의 없고 수명이 긴 편이며 추위에도 잘 견디므로 우리나라 전역에서 키울 수 있다. 우리나라에서는 기후가 비슷한 나라에서 400여 종이 넘는 외래종을 도입하여 시험한 결과, 자생종 이상으로 생장과 적응력이 좋은 나무로 백합나무가 손꼽힌다고 한다. 미국에서는 생장이 빠르므로 용재수로 쓰나 한국에서는 조경용으로 식재한다.

좌-백합나무 잎 / 우-플라타너스 잎

가을에는 푸른 잎이 병아리색으로 단풍 들어가는 모습으로 사람들의 시선을 모은다. 기하학적인 잎과 샛노란 단풍이 아름다워 조경수로 인기가 좋다. 거대하게 자라는 속성수라서 정원보다는 공원에 심는 것이 좋다. 플라타너스와 비슷한 수형을 보여주고 잎의 크기와 모양도 비슷한 편이다. 식재후 15년 정도는 지나야 첫 꽃이 피고 열매를 맺는다고 한다. 원산지인 북미대륙에서는 백합나무 대형목이 많은데 뒤늦게 백합나무의 가치를 알아본 우리나라에서는 커다랗게 자란 나무를 찾아보기 어렵다.

백합나무 단풍

도로변에 커다란 백합나무 군락이 서 있는 대학 캠퍼스가 있었다. 2021년에 태풍으로 8주 가운데 3주가 강풍에 쓰러졌다. 옆에 있는 나무들이 넓게 퍼진 가지로 빈 틈을 어느 정도 메우고 있어 시간이 지나면 빈 자리를 채울 수 있을 거라고 기대하고 있었다. 한여름이 지난 어느 날 자세히 보니 남아있던 백합나무가 모두 벌목되어 사라졌다. 공공재인 큰 나무숲이 사라진 것도 문제인데, 역사와 전통을 자랑하던 대학 측은 캠퍼스를 상징하던 백합나무숲을 하루 아침에 없애는 만행을 저지른 것이다. 사라진 백합나무 숲을 다시 키우려면 40년은 걸릴텐데 아무런 생각없이 잘라낸 의사 결정과정이 궁금하다.

위-백합나무 군락
아래-백합나무 벌목 후

계수나무

Cercidiphyllum japonicum
(katsura tree 桂樹)

가쓰라(桂)가 한반도에 이사왔다

계수나무과에 속하는 낙엽활엽교목으로 중국과 일본이 원산지인데 1920년대에 일본에서 들여와 경기도 광릉에 심었다. 지금도 모수(母樹)로 대접받으며 포천 국립수목원에 살고 있다. 속성수로 줄기는 곧고 잔가지가 부챗살처럼 뻗는다. 계수나무는 기후 조건과 관계없이 빠르게 자라서 큰 나무로 자란다. 줄기를 베어버려도 뿌리에서 싹이 새로 돋아날 정도로 맹아력이 뛰어나다. 줄기가 위로 성장하면서 갈라지는 곁가지가 잘 정돈된 나무 모양을 만들어 준다.

계수나무 어미나무(포천국립수목원)

계수나무는 암수 딴그루로 잎이 나기 전에 꽃이 피어나는데 원시적인 풍매화 형태를 보인다. 충매화가 아니라서 곤충을 유인하기 위한 꽃잎과 향기가 없어 모양이 단순하고 꿀을 만들지 않는다. 바람에 의해 가루받이를 하고, 꽃이 진 자리에는 바나나 모양의 작은 열매가 달린다. 열매 속에는 날개 달린

계수나무

씨앗이 들어 있어, 영글면 바람을 타고 날아가서 착생하게 된다.

잎 모양이 하트 아이콘과 비슷하여 사랑과 관련한 이야기가 많이 전해진다. 속명인 '*Cercidiphyllum*'은 '박태기나무(*Cercis*)'와 잎 모양이 매우 비슷하여 명명했는데, 박태기나무잎은 어긋나고, 계수나무의 잎은 마주 나서 쉽게 구별할 수 있다.

계수나무 잎

박태기나무 잎

달에는 계수나무가 없다

윤극영의 동요 '반달'에는 "푸른 하늘 은하수 하얀 쪽배엔 계수나무 한 나무 토끼 한 마리"라는 노랫말이 있다. 일제강점기에 나라를 빼앗긴 어린이들에게 '아름다운 꿈과 용기와 희망을 주는 동요를 부르게 하자'며 최초의 창작 동요로 만들었다. '반달' 가사로 계수나무는 어린이뿐만 아니라 전 국민이 다 알게 되었다. 오래 전부터 중국 설화에서는 달 왼쪽 어두운 부분이 토끼, 오른쪽 밝은 부분을 계수나무로 전해진다. 이러한 옥토끼 설화는 동양 3국에 퍼져 '반달' 동요에 들어가게 된 것이다.

'반달' 노랫말 속 계수나무가 어떤 나무냐는 논쟁이 자주 벌어진다. 가장 설득력 있는 주장은 일본에서 들여온 계수나무가 아닌 목서를 말한다는 것이다. 중국에서는 아름다운 꽃과 향기가 진한 목서를 계수(桂樹) 또는 '연향수'라고 부르며 계수를 많이

남부지방에서 볼수 있는 목서

심은 곳을 계림(桂林)이라는 지명으로 지었다고 한다. 당연히 중국 설화에 등장하는 계수는 목서인 것이다. 1920년대에 들여올 당시 일본식 나무 이름이 가쓰라(桂)이므로 아무 생각없이 '계수나무'라고 이름 지었다. 이미 계수나무는 목서의 다른 이름으로 조선 시대 시나 그림에 등장했는데도 같은 이름을 붙여 준 것이다. 정리하자면 계수(桂樹)는 중국에서는 목서, 일본에서는 가쓰라로 서로 다른 나무를 말한다. 이와 같은 혼란은 같은 한자권인 동양 3국에서 한자의 뜻이 전혀 다른 경우라서 벌어진 것이다.

가끔 지중해 지역에 사는 월계수(*Laurus nobilis*)와 계수나무를 혼동하는 경우도 있어 계수나무로 월계관을 만드는 줄 아는 사람도 있다. 월계수로 불리는 나무는 지중해 부근에서 자라는데, 꽃과 향기가 좋아 고대 올림픽에서는 우승한 선수에게 월계수 잎으로 관을 만들어 수여했다. 나중에 근대 올림픽을 재개한 후에도 월계관을 한동안 씌워주었는데 올리브 잎을 사용하기도 하고, 베를린 올림픽에서 우승한 손기정 선수처럼 로부르참나무 잎으로 만들기도 했다. 이와 같이 월계관은 관용어로 남았으며 계수나무와 아무런 관련성이 없다. 또한 계피(桂皮)도 계수나무는 아무런 관련이 없다. 계피가 계수나무의 껍질이라고 오해받는 경우도 있으나, 육계나무의 껍질이다. 카푸치노에 넣는 '시나몬'(cinnamon)은 실론 섬이 원산지인 실론계피나무이다.

온실에서 볼수 있는 월계수

솜사탕같이 달콤한 냄새가 난다

계수나무는 10월부터 잎이 샛노랗게 물들면서 달콤한 솜사탕 향기를 내뿜는다. 단풍이 들면 잎 속에 들어 있는 맥아당의 함량이 높아지면서 달콤한 냄새를 풍기는데 잎을 비벼주면 그 향기가 더욱 진하게 나온다. 단풍이 물들어 아래로 떨어지면서 잎에 남아있던 맥아당이 날아가면서 달콤한 냄새를 풍기는 것이다. 가지에 붙어있는 단풍잎보다는 떨어져 약간 마른 낙엽에서 더 진한 향기가 난다. 잎을 접어 비비면 향기가 나오기도 하지만 발아래 단풍잎이 발에 밟혀 바스라지면서 냄새가 풍성하게 나게 되는 것이다. 과학적 이론으로는 낙엽이 부서지면서 잎에서 방출되는 말톨이라는 분자가 향기를 만들어낸다.

수꽃　　암꽃　　열매

꽃은 볼품없고 열매도 쓰임새가 없어 조경수로 많이 식재하지 않다가, 눈부신 가을 단풍과 묘한 향기가 주목을 받으면서 사람들의 큰 관심을 받기 시작했다. 대부분 사람들은 계수나무 옆을 무심히 지나치다가 가을로 접어들면서 오감을 자극하는 진한 향기에 발걸음을 멈추고, 솜사탕같이 달콤한 냄새가 어디서 나는 것인지 궁금해 한다.

잎 모양이 하트 아이콘을 닮아 러브스토리와 어울리는데다가 향기까지 달콤하게 나서 연인의 스토리텔링에 자주 배경으로 등장한다. 설탕 끓이는 냄새와 비슷해서 때문에 서양에서는 카라멜나무(caramel tree)라고도 한다. 계수나무 꽃에서 향기가 난다는 이야기는 목서와 일본산 계수나무를 혼동하여 잘못 알려진 것이다.

계수나무 단풍　　계수나무 열식

귀하지 않은 나무는 없다

계수나무는 열식이나 군식으로 심어 공원이나 아파트에서 쉽게 찾아볼 수 있다. 일본에서 이주한 귀화종이지만 우리 땅에 잘 적응해서 다른 나무들과 어울려 잘 살아가고 있다. 비교적 이식력이 강해서 도시 공원이나 아파트 등에 조경수로 많이 심는다. 동요 노랫말처럼 달에 살지 않는다거나 시나몬 향을 만들어내지 않는다고 계수나무 가치를 저평가할 필요는 없다. 늦여름까지 조용하게 지내다가 그 어떤 나무도 낼 수 없는 귀한 향기로 사람들에게 즐거움을 주는 나무이다.

토심이 깊고 사질양토로서 비옥하고 적윤한 토양에서 생장이 좋으며 내음성은 보통이다. 내한성이 강하여 중부 이남의 어디에나 식재가 가능하고 내염성도 강하며 생장이 매우 빠르고 이식도 용이하다. 퇴계로 서울로 시작구간에 심어 놓은 계수나무는 줄기 상단을 댕강 잘라버렸다. 짐작컨데 토양환경이 지나치게 건조해서 건조 피해를 입은 듯 하다. 아파트 녹지와 같이 인공지반인 경우 토양 깊이를 충분히 확보하여 잘 자랄 수 있는 환경을 만들어 줘야 한다.

서울로의 계수나무

공원에서 노란색이 진한 단풍잎이 달린 나무를 찾아보면 은행나무가 아니라면 계수나무가 맞을 것이다. 떨어진 낙엽을 모아 정원 한구석에 놓아두면 달콤한 향기가 뜰 안에 가득 할 것 것이다. 4계절이 있는 우리나라 자연이 주는 즐거움 가운데 하나다.

은행나무

Ginkgo biloba (ginkgo 銀杏)

공룡과 함께 살다

약 2억 5 천만년전부터 지구에 살기 시작했다. 여러 번의 빙하시대를 지나면서 대부분의 생물이 멸종했는데도 기어이 살아남은 은행나무를 '살아있는 화석'이라고 대접한다. 생물분류학으로 1문에 1종만이 현재 동아시아에 살고 있다. 우리 주변에 가로수 등으로 흔하게 볼 수 있는 은행나무는 세계자연보전연맹(IUCN) 적색 목록에서 멸종위기종에 속해 있다. 눈만 뜨면 볼 수 있는데 '멸종위기'라니 놀랄 수도 있지만, 야생에서 사람의 도움 없이 번식하고 자생하고 있는 은행나무 군락을 거의 볼 수 없다는 것이 지정의 이유다.

원주 반계리 은행나무

은행나무 가로수(현대그룹 사옥)

현재 은행나무 명맥을 유지하는 유일한 역할은 인간이 하고 있다. 조류는 외면하고, 다람쥐나 청설모도 관심이 없다. 대부분의 동물들에게 은행은 먹지 못하는 유독성 열매인 것이다. 꽃은 봄에 잎과 함께 암꽃과 수꽃이 암나무와 수나무에서 핀다. 바람에 실린 꽃가루가 암꽃까지 날아가서 수정이 이루어진다. 성장은 더디지만 조건만 맞으면 오래 산다. 열대나 한대 기후만 아니면 어디에서든 자라는 적응력을 가지고 있다. 생명력이 강해서 고사한 줄기에서도 2년간 맹아가 돋아나는 경우도 발생한다. 우리나라 은행나무 노거수를 살펴보면 원줄기가 죽고 뿌리 주변에서 새로 돋아난 맹아가 자라난 것이 많다. 노거수가 많아 보호수로 지정되는 하한선이 400년으로 다른 수종에 비해서 상당히 높은 편이다.

유학과 함께 산다

가을이 되면 잎이 노랗게 물들어 단풍이 아름다우며 병해충에 강하고 성장 속도가 비교적 느려 가로수로 많이 심는다. 열매와 잎은 가공하여 각종 의약품이나 건강식품을 제조하는 원료로 쓰인다. 겉씨식물 중에서 유일하게 잎이 부채꼴로 넓은 편이지만, 잎맥이 평행맥이고 줄기에는 가도관이 95% 이상을 차지하는 등 침엽수의 특징을 가지고 있어 침엽수로 분류한다.

2,500년 전 춘추전국시대의 사상가인 공자가 제자들에게 살구나무(杏) 그늘 아래에서 학문을 가르치던 곳을 행단(杏壇)이라고 한다. 수 백년이 흘러 살구나무는 없어지고 나중에 심었던 은행나무가 살아 남았다. 조선시대 유학자들이 중국 행단에서 본 것은 살구나무가 아닌 은행나무였으니 행단의 행(杏)을 은행나무로 해석하고 서원이나 향교에 은행나무를 심었다.

서울 명륜당 은행나무는 500여년 전 조선 중종 때 성균관 대사성을 지낸 윤탁이 심은 것으로 기록에 남아 있다. 이러한 전통은 근현대에도 이어져 학교의 상징으로 은행나무를 많이 심게 되었다. 은행이 살구와 모양이 비슷하게 생겼는데, 살구(杏)보다 조금 밝은 빛이 난다고 해서 '은빛 나는 살구'라는 의미로 '은행(銀杏)' 이라는 이름이 붙게 됐다.

명륜당 은행나무(8월)

명륜당 은행나무(11월)

도시민과 같이 산다

1990년대까지 가장 많이 심은 가로수는 플라타너스였다. 공기정화능력이 뛰어나고 빨리 자라고 넓은 그늘을 제공하며 오염토양에서도 생존하는 장점이 있었으나 지나친 수세 확장으로 보행로를 좁히고 열매의 털이 호흡기 질환을 일으키는 등 여러 문제가 발생했다. 이후 가로수 수종은 은행나무로 많이 대체되었다. 현재 서울시내 가로수는 2020년 기준 총 30만여 그루가 있는데 이 중 은행나무가 10만 6천여 그루로 35%를 차지하고 있다. 은행나무 가로수는 가을에 열리는 은행 열매에서 나는 악취가 큰 문제를 일으킨다. 은행나무 가로수 가운데 약 2만 7천여 그루가 암나무로 열매껍질이 찢어지면서 점액이 나와 악취를 일으킨다. 악취 민원 때문에 암나무를 베어달라는 요청이 많이 생겨 관리기관마다 골치가 아프다고 한다. 은행나무 악취를 막기 위해서 가지 주변에 망을 설치하여 열매가 도로에 떨어지지 않도록 하거나, 굴삭기의 진동기구로 은행을 조기 수거를 하고 있다고 한다. 더 나아가 은행나무 암수 감별 기술을 개발해 암나무를 수나무로 바꿔 심는 작업

은행열매 수거장치

을 추진하고 있다. 하지만 은행나무 가로수가 주는 도시환경 개선 혜택은 모른체 하고, 악취를 못 견디는 도시민의 이기심은 극복해야 한다. 겨울나무에 손뜨개질로 만든 나무옷을 입히는 재능기부를 하는 것 보다 열매 수거에 도시민이 스스로 나서야 하지 않을까?

한동안 도시 하늘을 뒤덮은 초미세먼지로 온 국민이 다 죽을 지도 모른다는 공포가 언론에 도배된 적이 있었다. 은행나무는 넓은 잎으로 초미세먼지를 흡착하여 저감하는데 큰 도움을 준다. 그 밖에도 차량 배기가스나 분진 등 유해 물질을 빨아들이는 '공기 정화 효과'가 좋다고 한다. 줄기 껍질이 두꺼워 화재와 병충해에 강하다는 장점도 있는 만큼 앞으로도 도시 가로수로 많이 심는 것이 좋다는 의견이 다수이다.

터가 넓어야 잘 산다

15년 전 뚝섬경마장을 공원으로 조성한 '서울숲'은 서울 동북부의 대규모 공원이다. 울창한 숲과 넓은 잔디밭이 잘 조성되어 있고 각종 공원 활용 프로그램이 활성화되어 방문객이 많은 편이다. 여러 군데 중 인기가 좋은 장소는 은행나무숲을 들 수 있다. 2005년도에 조경공사를 할 당시에는 농장주가 방치하다시피 키운 은행나무는 애물단지였다. 묘목을 빽빽하게 심어놓고 제대로 관리를 못한 탓에 은행나무 고유의 수형이 나오지 않아 팔리지 않자, 나무 주인은 하릴없이 내버려둔 상태였다.

토지 매수가 완료되어 은행나무를 옮기라는 요청을 받은 나무 주인은 이식을 거부하고, 서울시에서 은행나무를 전량 구매해달라며 요구했다. 서울시에서는 공사가 급한 처지 때문에 요구를 들어줬고, 밀식되어 수형은 나쁘지만 제자리에 그냥 놔두자는 신박한 아이디어를 채택하게 되었다. 지금은 은행나무 줄기가 주는 단순함과 특이한 수형으로 사람들이 좋아하는 장소가 되었다. 다 베어내고 제대로 된 수형의 은행나무를 심는 것보다 결과가 좋다고 할 수 있다. 조경기술자의 디자인보다 집단지성이 더 좋은 결과를 이룬 사례로 추천할 만하다.

서울숲 은행나무

도시 가로수로 은행나무를 줄지어 심다 보면 식재장소의 토양조건이나 지하매설물이 나쁜 경우가 많다. 커다랗게 자랄수 있는 나무를 불과 1.2m 보호틀에 가둬놓고 주변은 전부 불투수성 포장재로 덮어버린다. 살아 있는게 신기할 정도인데 은행나무는 잘 버티고 살아간다. 머리 위에 있는 전기줄 때문에 기형적으로 가지를 잘리고 단풍잎은 보기엔 좋으나 치우는데 많은 비용이 든다. 기후변화시대에 도시민에게 여러 가지를 베풀어 주는 역할을 하고 있지만 제대로 대접을 받지 못하고 있다. 은행나무는 우리나라와 중국, 일본에서만 살고 있다. 우리 곁에는 흔하게 있지만 서양에서는 찾아보기 어렵다.

전국에 800여 그루의 은행나무가 보호수로 지정되어 있다. 용문사 은행나무를 비롯하여 반계리 은행나무 등이 천년을 넘겨서도 위풍당당하게 사는 나무로 유명하다. 오랜 세월을 살아온 은행나무는 바라만 봐도 자연의 위대함을 느끼게 한다. 2022년 여름 명륜당 은행나무 가지 일부가 세찬 비바람에 부러졌다. 지주대를 여러 개 설치해서 가지를 보호하고 있지만 예상할 수 없는 자

손자 은행나무

연재해는 언제나 일어나기 마련이다. 뿌리 부근에서 새로운 맹아가 싹터서 자라난 손자 은행나무가 줄기를 뻗고 있다. 언젠가 500년 묵은 할아버지 나무가 쓰러지면 그루터기를 딛고 손자 나무가 명맥을 이어 갈 것이다.

예전에 은행나무를 심으면 돈을 많이 벌 수 있다는 소문에 은행나무 묘목을 사다가 심어놓고 방치하는 사례가 많았다. 잡초 발생을 방지하려고 1m 이내로 촘촘히 묘목을 심어 놓은 후, 관리를 안 하여 곁가지는 말라 죽고 하늘을 향해 키만 높게 자라게 된다. 이러한 수형은 조경수로는 낙제점이라 팔리지 않으니 그냥 내버려 둔다. 멀리서 보면 그럴듯한 은행나무 숲인데 가까이 보면 쓸 만한 나무가 한 그루도 없다. 결국 치우느라 비용이 별도로 들게 된다. 거름과 농약을 수시로 줘야 하는 농작물을 생산하는 것 보다는 조경수 생산이 쉽고 단순한데 전문가의 조언을 듣지 않는 경우가 많다. 조경수 생산을 성공적으로 하기 위해서는 병충해가 적거나 전정 요구도가 낮은 수종을 선택하되 키운 뒤 판매하기 쉬운 수종을 예측하는 것이 중요하다.

밀식한 은행나무는 조경수로 가치가 떨어진다

감나무(봉은사)

감나무

Diospyros kaki (persimmon tree 柿)

따뜻한 남쪽나라가 고향

동아시아 온대지방인 중국 중북부, 일본, 한국 중부 아래쪽의 특산 과실나무이다. 우리나라에서는 오래 전부터 재배하고 있었다. 조선시대 기록을 보면 감의 주산지로 영호남의 내륙지방으로 나와 있다. 낙엽 교목으로 높이는 10m 내외이고 줄기의 겉껍질은 비늘 모양으로 갈라진다. 열매는 10월에 주황색으로 익는다. 연평균 기온이 15℃정도이고 10월의 평균기온이 22℃ 나타내는 곳이 생육에 적당하다. 과수농사를 위한 감나무 과수원도 있지만 집근처나 밭두렁 · 산기슭 등에 심어 놓은 경우도 많다.

아파트 전정의 감나무

감나무는 의외로 재배 조건이 까다롭다. 추위에 얼어 죽는 경우가 발생하므로 추운 지방에서는 품종과 식재 위치를 따져본 후 심어야 한다. 추위에 약한 감나무를 수도권에 심을 때는 겨울 찬바람을 피하고 햇볕이 잘 드는 장소에 심어야 한다. 감나무에 새순이 나올 때면 이미 봄 꽃이 활짝 피어 있다. 겨울을 이겨내고 6월 초가 되어야 새로 돋은 가지에 감 꽃이 피어 꿀을 벌들에게 아낌없이 나눠준다. 단감보다 떫은 감이 추위에 더 강한 편이다. 단감은 북위 35도 이남에서 잘 자라고, 떫은 감도 북위 37도를 넘으면 저온 피해 위험이 높아진다. 감나무속(*Diospyros*) 나무들은 대부분 아열대성 나무인데 감나무가 특이하게 온대에 적응한 것이다. 열대지방에도 감나무속 나무가 살고 있으나 감이 달리지 않는다.

감나무속인 고욤나무(*Diospyros lotus*)는 감나무에 비해 추위에 강하고 씨앗으로 묘목을 키우며 성장이 매우 빠르다. 이러한 장점을 이용하여 감나무를 접붙일 때 대목(접을 붙이는 나무)으로 사용한다. 감나무 씨앗으로 생산한 묘목을 키우다가 감이 달리면 고욤처럼 열매가 작아지는데 이를 방지하기 위해 감나무는 접붙이기로 번식시킨다. 감나무 묘목은 얕게 심어야 활착이 잘되므로, 지주를 세워 묘목이 바람에 넘어지지 않도록 해야 한다. 배수가 쉽게 되는 고랑과 둑을 만들어 심는 것이 좋다. 남부지방은 가을에 심어도 되지만 중부 이북지방은 동해를 입는 경우가 있으므로 봄에 심는 것이 좋다. 성장이 빨라 식재 후 5년이 지나면 감을 수확할 수 있다. 15년 이후부터 수확량이 크게 늘어난다. 감나무는 한 해씩 걸러 열매가 많이 맺거나 적게 달리는 '해거리'를 한다. 옛사람들은 해거리를 방지하기 위하여 감나무 줄기에 상처를 만들었다.

달면 삼키고 쓰면 뱉는다

아무래도 조경수보다는 과일인 감을 생산하기 위한 과수로 많이 심는다. 떫은 감은 한반도에 자생하는 품종이 많고, 단감 종류는 일본에서 건너온 것이다. 단감은 바로 먹어도 떫지 않으며 깨무는 맛이 있다. 일본 단감이 1968년경에 도입되어 남부지방 감 과수원에 널리 보급되었다. 불완전 단감으로 극

조생종으로 추석 전에 수확할 수 있는데 진영단감이 유명하다.

떫은 감은 남부지방 각 지역에서는 지역명을 내세운 감을 생산한다. 씨앗이 없는 '청도반시'가 유명하다. '대봉감' 은 약간 길쭉하여 끝이 뾰족하게 생겼다.

진영단감 대봉감

일제 시대 때 대봉감 생산에 알맞은 토양을 조사하여 하동 악양이 가장 적당하다는 결과를 얻어 그곳에 대봉 품종을 심었다고 한다. 충분한 일조량으로 생산된 악양 대봉감은 감칠나는 맛과 색깔, 모양이 아름다워 오래전부터 인기가 좋다고 한다.

단감과 떫은 감에 대한 오해는 떫은 감이 익으면 단감이 된다는 생각이다. 열매가 숙성하는 과정에서 떫은 맛을 내는 탄닌이라는 성분에 변화가 일어나는데, 단감 품종의 경우 본래의 탄닌 함량이 적기도 하지만 과실이 숙성함에 따라 탄닌이 산화되어 절대적인 양이 줄어들면서 떫은 맛이 사라진다. 그에 반해 떫은 감은 탄닌 함량은 매우 높으나 과실이 숙성하면서 작은 탄닌 분자들이 고분자 형태로 변해버려서 우리 혀가 이러한 형태의 탄닌을 느끼지 못하여 떫은맛을 느낄 수 없게 된다. 덜 익은 땡감을 소금물에 담근 뒤 먹는 침감은 탄닌을 없애기 위한 옛사람들의 지혜를 볼 수 있다.

잘 쓰면 약, 못 쓰면 독

감나무의 용도는 과일 생산에서 끝나지 않는다. 목재가 단단하고 고른 재질을 가지고 있는데 특히 나무 속에 검은 줄무늬가 들어간 먹감나무는 가구를 만드는데 이용하였다. 서양에서는 골프채의 헤드부분을 감나무(퍼시몬)로 만들었다. 금속으로 재질이 바뀐 요즘에도 우드(wood)라고 부르는 유래이다. 겉으로 보기에는 감나무 가지가 튼튼해 보이지만 사람이 밟고 올라가면 잘 부러진다. 감을 따다가 가지가 부러지면서 무방비 상태로 떨어져서 머리를 다치는 사람이 많았다. 감나무에서 떨어져서 머리를 다치고 나서 똑똑한 사람이 바보처럼 변했다는 우스개 소리가 생겨났다. 과거에는 높은 곳에 달린 감을 까치밥으로 남겨두었다고 하는데, 사실은 가지가 약해 쉽게 부러지기 때문에, 따는 것을 포기한 것으로 추정할 수 있다.

감나무로 만든 골프클럽

제주도 특산물로 무명 천을 감즙으로 염색하는 '갈옷'이 있다. 감즙이 방부제 역할을 하여 땀 묻은 옷을 그냥 두어도 썩지 않고 냄새가 나지 않으며 통기성이 좋아 여름에는 시원할 뿐만 아니라, 밭일을 해도 물방울이나 오물이 쉽게 붙지 않고 금방 곧 떨어지므로 위생적이다. 햇빛에 노출할수록 짙은 갈색으로 변한다. 아토피같은 난치병이 넘쳐나는 요즘에 갈옷은 천연염색으로 인체에 해가 없다고 하니, 앞으로 갈옷을 입는 사람들이 늘어날 것 같다.

민간 치료요법에서는 감이 설사를 멎게 하고 배탈을 낫게 하는 것으로 알려져 있다. 이유는 바로 감에 많이 있는 탄닌이 장의 점막을 수축시켜 설사를 멈춘다고 한다. 홍시나 곶감을 한 번에 너무 많이 먹게 되면 자신도 모르는 사이에 많은 양의 탄닌을 섭취하게 되어 소화를 할 수 없을 뿐더러 변비에 걸리게 된다. 반대로 설사할 때 먹으면 좋다. 이러한 경험으로 '우선 먹기에는 곶감이 달다'라는 속담이 나온 것이다. 달다고 마구 먹다가 소화불량으로 고생한다는 뜻이다. 한의학에선 감과 꽃게 종류를 함께 먹으면 설사를 일으킨다고 경고한다.

가을을 가을답게

감나무는 영랑의 시에 '오-매 단풍 들것네/장광에 골붉은 감잎 날아와'라는 귀절로 가을을 상징한다. 감나무 대부분은 감을 생산하기 위해 심지만, 가을에 감이 열리는 모습을 보려고 정원수로 심기도 한다. 시골을 떠나온 사람들에게 가장 친숙한 나무를 꼽으라면 감나무라는 대답이 많다. 농가가 자리한 곳에는 대부분 감나무 몇 그루가 마당 가에 서 있다. '감나무 밑에 누워서 홍시 떨어지기를 기다린다'라는 속담이나 '호랑이도 곶감이 무서워서 도망갔다는' 전래동화처럼 일상생활 속 친근한 나무라고 할 수 있다. 하지만 아파트가 주거 형태의 대세가 된 지금은 감나무 밑에 주차된 차량에 감이 떨어져서 관리소에 배상을 요구하며 다투는 경우가 생긴다. 저층 거주자는 감나무의 무성한 잎이 일조권을 방해한다고 벌목하라는 요구를 하기도 한다.

초겨울 감나무

감이 특산물인 상주와 영동에서는 감나무를 가로수로 심어서 멋진 가로경관을 만들었다. 가을철 감이 익어가는 무렵에는 방문객들의 눈을 즐겁게 한다. 영동의 감나무 가로수길은 164㎞ 구간에 2만 3000그루를 심어 '아름다운 거리 숲'으로 선정되었다. 서울에서도 일부 도로에 가로수로 식재해서 가꾸고 있지만 각종 가공선 때문에 제 모습대로 자라지 못하고 있다.

영동 감나무 가로수

30년 전 예술의전당 건립시 소나무와 꽃피는 관목 위주로 조경수가 선정되었다. 설계자의 파격적인 발상으로 감나무 11주를 콘서트홀 옆 광장에 심었다. 당시 공공건축물의 조경수로 감히 생각할 수 없었는데도 과감하게 식재하여 오늘날 가을철에 멋진 단풍과 감을 보여줘 방문객들의 감탄을 자아내고 있다.

예술의전당 감나무

아주 오래전 대구 지방에 한 건설회사가 아파트 분양에 나섰는데, 아파트라는 주거 형태에 거부감이 많은 대구 사람들의 마음을 바꿔놓은 방법으로 세대당 감나무 한 그루씩 준다는 방식으로 감나무 500여 주를 심어 홍보하였다. 그 결과 빠른 시간 내에 완판하여 화제를 부른 경우가 있었다. 감을 따서 내가 가질 수 있다는 작은 행복이 사람들 마음을 움직인 것이다.

고택의 감나무

감나무는 모과나무나 대추나무와 함께 정원에 유실수로 심는 나무이다. 수세가 그리 강하지 않아 정원의 다른 나무를 위압하지 않는 예의바른 나무이다.

팥배나무

Sorbus alnifolia
(korean mountain ash 甘棠)

봉산 팥배나무숲

서울 은평구에는 조선시대 봉수대가 있어서 '봉산'이라고 불리는 나지막한 산이 있다. 초겨울에 가보면 아직 단풍잎이 한창인 것처럼 숲 전체가 붉게 물들어 있다. 자세히 보면 단풍잎이 아니라 나뭇가지마다 붉은색 열매를 촘촘하게 매달고 있는 팥배나무가 숲을 가득 채우고 있다. 15m가 넘는 팥배나무들이 즐비한데 하늘을 향해 뻗은 가지 끝마다 열매 다발이 달려 나무 전체가 온통 붉은색이다. 봄철에 꽃 필 때는 배나무 과수원 못지않은 꽃 대궐을 이루고 있다. 서울시에서는 봉산지역에 집단적으로 생육하는 팥배나무 순림이 보이는 특이성을 인정하고 보전하기 위하여 '봉산 생태 · 경관보전지역'으로 지정하여 관리하고 있다.

근현대 들어서면서 서울 근교의 숲은 여러 가지 이유로 대부분 황폐해졌다. 주택가 바로 뒤에 있는 봉산도 피해갈 수 없었다. 1970년대에 들어서 본격적인 산림녹화사업을 시행하면서 급한대로 아까시나무를 많이 심었다. 산림녹화와 사방공사가 최우선 목표였기 때문이다. 아까시나무는 경사지고 거름기 없는 척박한 곳에서도 잘 자란다. 콩과식물인 아까시나무는

팥배나무 열매

팥배나무 숲(서울 은평구 봉산)

뿌리혹박테리아를 이용해서 공기 중의 질소를 고정해 산림토양을 비옥하게 만들기 시작한다. 땅속으로 번지는 뿌리는 토양을 단단히 잡아줘 비탈면을 안정시킨다. 이러한 과정을 지난 후에 다른 나무들이 들어와 정착하기 시작한다. 팥배나무를 비롯한 다양한 식물들이 아까시나무 뒤를 이어 봉산에 들어와 숲을 만들기 시작한 것이다. 그러다가 팥배나무가 봉산 일부 지역에서 환경조건에 잘 적응하여 다른 식물에 비해 월등히 생장하여 팥배나무숲을 이루게 되었다. 대부분 산림에서 참나무속 수종과는 경쟁이 되지 않아 참나무 군락 아래 자리 잡아 넓게 분포하는 편인데 봉산의 경우는 보기 드문 경우이다.

우리 동네에는 우리 나무를

팥배나무 꽃은 배나무나 앵두 그리고 산사나무와 비슷하게 생겼다. 마가목속이라 당연히 마가목과는 꽃 모양과 개화 시기가 거의 같다. 꽃잎은 다섯장으로 색깔과 꽃차례가 다를 수는 있지만 모두 장미과의 식물들이다. 가지 끝마다 하얗게 모여 피는데 꿀이 많아 벌과 나비가 끊임없이 찾아온다. 깊이 숨은 꿀샘으로 그들을 유인하여 꽃가루받이를 한다. 그래서 많은 열매를 만들 수 있다. 마가목 꽃과 크기가 비슷하고 산사나무 꽃보다는 작다. 이 꽃들은 가을에 빨간색 열매가 된다. 열매가 팥을 닮고 배 맛이 난다고 해서 팥배나무로 불린다.

잎 표면은 반질거리는 초록색이고 뒷면은 진초록이다. 여름철 숲속에서 유난히 햇빛에 반짝거리는 나뭇잎을 가지고 있다. 잎 가장자리에 규칙적인 물결 모양 구조가 있고, 측맥이 잎의 뒷면에 뚜렷하게 돌출되어 구별하기 쉬운데 사방오리나무 잎과 비슷하다. 종소명 *alnifolia*는 *Alnus*(오리나무속)의 잎을 닮았다는 뜻이다. 숲 속

팥배나무 마가목

에서는 많은 나무들이 서로 어울려 살고 있는데, 꽃이 지고 열매는 아직 눈에 보이지 않아 잎사귀만 봐서는 그 나무가 그 나무 같아 보인다. 오로지 가지나 잎으로 나무를 구별할 수 있는데, 팥배나무는 특이한 잎 모양으로 쉽게 알아볼 수 있다.

꽃과 열매가 다른 조경수에 비하여 뒤지지 않고, 단정한 나뭇잎의 모양과 가을 단풍색깔이 화려하므로 조경수로서의 상품가치가 충분하다. 재배 기술을 발전시켜 생산량이 증가하면 수요가 폭발적으로 증가할 수 있는 나무이다. 팥배나무는 산림과 도시내 녹지를 부드럽게 이어주는 역할을 할 수 있다. 산림에서 살고 있는 나무들을 도시지역에 많이 식재하여 우리나라 고유의 도시경관을 만들어 나가야 한다. 꽃만 화려한 외래종 위주로 도시내 녹지를 조성하다가 보면 우리 도시경관의 정체성이 사라질 수 밖에 없다.

팥배나무 꽃

세상에 귀하지 않은 나무는 없다

봉산 팥배나무숲 주변 지역에 외래종 침엽수인 히말라야시다가 상당수 식재되어 있다. 주변 활엽수림과 전혀 어울리지 않는 수종이다. 최근에는 명품 편백숲을 만들겠다며 편백나무 묘목를 대규모로 식재하고 있다. 일본 원산인 편백이 내뿜는 피톤치드가 건강에 좋다고는 하지만 굳이 생태계가 안정된 산림을 훼손하여 조림할 필요가 있는지는 의문이다. 지역주민들은 "팥배나무, 참나무, 아까시나무 등 다양한 나무들이 어우러져 살던 자연림이었는데 편백나무만 가득한 인공림을 만들고 있습니다." 라며 반발하고 있다. 편백나무는 겨울 기후가 저온저습한 서울지역에서 정상적인 생육이 불가능한 편이다. 그러나 담당 구청에서는 "수종 갱신과 영급 개선으로 탄소흡수율을 높이기 위해 편백숲을 조성하기로 한 것"이라고 설명했다. 지역 NGO대표는 "산림의 질을 개선하기 위하여 숲에 서식하던 새들까지 한꺼번에 쫓아내버린 꼴"이라며 "원래의 자연림을 없애고 인공림을 만드는 것은 생태계의 질을 도리어 떨어뜨리는 행위"라고 주장하고 있다.

자연림과 편백 조림지

2023년 3월 환경부는 '도시내 녹지관리 개선방안'을 마련했다. 도시 내에서 생물다양성과 도시 그늘 증진을 위해 다양한 수목을 식재하도록 권고했다. 다양한 수종을 식재하여 생물다양성을 높이고 신규 식재시 자생종을 우선 고려하고, 곤충 등 생물종을 유입하고 먹잇감이 될 수 있는 식이 · 밀원식물을 심도록 권고했다. 팥배나무를 비롯하여 때죽나무, 쪽동백나무, 층층나무 등이 추천 수종으로 제시되었다. "플라타너스 등 자생종은 아니나 전국에 널리 식재된 수목은 그대로 유지하고, 단순히 수종 갱신을 목적으로 수목을 제거하는 것은 신중하게 접근해야 한다." 라고 공공기관의 협조를 당부했다.

팥배나무가 마련한 도시락

숲 속에서 사는 나무들 가운데 수수하고 평범한 외모를 가진 팥배나무지만 늦가을이 다가오면 나무 전체를 뒤덮은 붉은 열매로 존재감을 보여준다. 팥알 모양의 열매가 많이 달려 멀리서 보면 불에 타는 것처럼 보일 정도이다. 서울 근교 낮은 산에서 자주 볼 수 있다. 음지에서도 잘 자라고 여러 그루가 모여서 자란다. 열매는 숲속에 사는 새들에 겨울철 식량이 된다. 한 시인은 팥배나무 열매를 새들을 위해 '나무가 마련한 도시락'이라고 했다. 팥배나무 열매 외에도 찔레꽃 · 가막살나무 · 백당나무 · 청미래덩굴 등 유난히 붉은 열매가 달리는 나무가 많이 있다. 붉은색은 사람뿐만 아니라 새들도 잘 볼 수 있는 색깔이다. 새들은 열매를 먹고난 뒤 소화하지 못해 배설한 씨앗을 다른 곳에다 퍼트려 주는 역할을 한다. 새들에게 잘 보이는 색으로 열매를 만들어 식물이 생존할 수 있도록 진화한 것이다.

팥배나무 열매와 단풍

척박한 토양에서도 생육이 가능하다. 추위와 건조는 잘 견디지만 병충해에 약하다. 햇볕이 부족해도 잘 자라고 이식이 쉬우며 성장속도도 빠른 편이다. 대기오염이 심한 환경에서는 잘 자라지 못한다. 요즘 들어서서 공원이나 녹지에 팥배나무 여러 그루를 모아 식재한 것을 자주 볼 수 있다. 팥배나무 군락은 봄철에는 벌과 나비 그리고 겨울에는 새들이 찾아와 건강한 도시생태계를 유지하는 데 도움을 준다.

20여년 전에는 팥배나무, 마가목, 이팝나무, 산사나무, 때죽나무, 쪽동백, 산딸나무, 층층나무 등은 수요가 적어 조경수로 생산하지 않아 조경설계에 넣을 수도 없었다. 혹시 설계에 들어있더라도 조경수 시장에서 구할 수 없었다. 어쩔 수 없이 산 속에서 야생목을 캐다가 심었다가 적응 못해 많이 죽였던 흑역사가 있었다. 지금은 다양한 조경수 생산량이 늘어나서 수요와 공급이 균형을 이뤄가는 중이다. 다만 위에서 말한 나무들은 식재 직후 균형잡힌 수형이 아니라서 널리 식재하는 편은 아니다. 나무는 심고 나서 시간이 흐르면 저절로 모양을 갖추게 되는데도, 공사 직후 모습이 아름다워야 만족하는 수요자의 성급한 마인드를 바꿔야 한다.

팥배나무 대형목

참느릅나무(이촌 한강둔치)

참느릅나무

Ulmus parvifolia
(Lacebark elm 榔楡)

3형제

한반도 느릅나무속에는 느릅나무, 참느릅나무 그리고 비술나무가 있다. 셋 다 잎의 아래쪽이 찌그러진 비대칭 모양이고, 꽃잎이 없는 독특한 꽃을 피우는 공통점을 가지고 있다. 기후조건에 따라 중부 이북에 '비술나무'가, 중부 이남에 '참느릅나무'가 살고, '느릅나무'는 남북을 가리지 않고 어디서나 자란다.

느릅나무　　참느릅나무　　비술나무

참느릅나무는 느릅나무속의 낙엽 큰키나무로 높이가 15m까지 성장한다. 주로 경기도 아래 지역에서 자생한다. 비교적 작은 잎은 두텁고 광택이 나며 가장자리에 둔한 톱니가 있다. 느릅나무 종류 가운데 유일하게 늦여름에서 초가을 시기에 꽃을 피우고 미선나무 씨앗처럼 납작한 날개 씨앗을 맺는다. 어린가지 껍질은 질겨서 끈으로 사용했다. 습기가 많은 토질을 좋아하는데 침수 스트레스나 건조에도 잘 버틴다.

참느릅나무 잎과 열매

씨앗은 넓은 타원형의 날개로 둘러싸여 있으며, 이듬해 봄까지 달려 있다. 나무껍질은 성장하면서 작은 조각으로 떨어진다. 햇빛을 좋아 하지만 반음지나 그늘에서도 잘 자라고 추위, 해풍 그리고 공해에도 잘 견딘다. 생명력이 강해서 땅속에 뿌리가 조금만 남아 있어도 새싹이 돋아난다. 어릴 때는 매우 빠르게 자라며, 줄기가 유연하여 밟아도 잘 부러지지 않는다. 경주 김씨의 시조인 김알지의 탄생설화가 깃든 경주 계림에서 찾아볼 수 있다.

느릅나무는 봄에 잎이 나오기 전에 꽃을 피우고 5월부터 열매를 맺기 시작하는데 가을에 가장 먼저 잎을 떨군다. 잎은 겹톱니 모양이다. 꽃은 꽃잎이 없고 수술과 암술만 달린 형태로 피어나고, 열매 중앙에 씨앗을 품고 있는 특이한 형태를 가지고 있다. 열매의 가장자리의 얇은 조직은 씨앗이 바람을 타고 멀리 퍼질 수 있도록 도와주는 날개 역할을 한다. 가지마다 셀 수 없이 많은 씨앗이 달리지만 마르기 시작하면 순식간에 생명력을 잃어버리는 특성이 있어 자연 발아율은 지극히 낮은 편이다. 주로 물기가 많은 계곡 주변에 살고 있

느릅나무 잎과 열매

다. 비술나무와 상당히 비슷한데 새로 뻗은 가지 색깔이 연한 갈색이면 느릅나무이고 연한 녹색은 비술나무로 구별할 수 있다.

비술나무는 수형이 팽나무와 능수버들의 아름다운 특성만 모아 놓은 것 같다. 겨울철 나목으로 서 있는 모습은 나무줄기가 곧게 뻗다가 끝에서 분수처럼 잔가지를 펼쳐 아래로 떨구어 멋진 동양화 속 나무를 보는 듯 하다. 비술나무 씨앗은 바람에 잘 날아갈 수 있도록 가장자리에 날개가 달려 있는데 마치 동그란 동전 모양을 닮았다. 강원도 지방에 비술나무가 많이 살고 있는데, 정선 임계 미락숲과 영월 섶다리마을의 비술나무 고목이 유명하다. 척박한 환경을 견디는 힘이 남달라 몽골 고비사막에서도 숲을 이룰 정도다.

비술나무 가지 발달 모습과 열매

의식주 해결

느릅나무 어린잎은 나물로 먹었고 나무껍질은 매우 질겨서 끈을 엮거나 의복을 만드는데 활용했다. 중국에서는 일찍부터 느릅나무를 구황식물로 재배하도록 권장하였다. 전분이 많은 속껍질을 그늘에서 말린 뒤 가루를 내어 음식으로 만들어 먹었다. 흉년에는 먹을거리 대용으로 충분히 이용할 수 있었다. 줄기 껍질이나 뿌리 껍질을 말려서

유근피

비염이나 천식 치료제로 사용했다. 전설에 따르면 온달은 평강공주를 만나기 전에 느릅나무 껍질을 벗겨 장터에 내다 팔아서 어렵사리 먹고 살았다고 한다.

느릅나무는 3년 정도 자라면 서까래로 쓸 수 있고, 10년 정도 자라면 각종 농기구로 쓰고 15년 정도 자라면 수레바퀴를 만들 수 있다고 했다. 동서양을 막론하고 느릅나무는 재질이 좋고 쓰임새가 많은 나무로 옛날부터 널리 이용했다. 더구나 물에 잘 썩지 않아 선박이나 다리, 집을 지을 때 많이 사용했다.

북유럽 국가들의 공원에는 느릅나무가 많이 심겨 있다고 한다. 우리나라에서는 느릅나무 보다 느티나무를 훨씬 더 많이 심는데, 조경수로 느릅나무 생산이 부족하기도 하고 크게 성장한 뒤 수형이 느티나무가 훨씬 더 아름답기 때문이다. 느릅나무도 느티나무 못지않게 우람하게 자라지만 자연스럽게 수형을 만들지 못하는 편이다. 가지를 옆으로 뻗어 자연스럽게 수형을 갖추는 편이 아니라서 정자목으로 인기가 없었다. 노거수로 자라 보호수가 된 느릅나무는 현재 거의 없다고 한다. 아마도 어느 정도 자라면 의식주에 사용하거나 약재로 쓰기 위하여 벌목한 게 아닌가 한다.

이름표는 죄가 없다

참느릅나무 열매를 먹는 되새

참느릅나무, 느릅나무 그리고 비술나무는 비슷한 점이 많으니 구별하기 어려운 편이다. 덩치 큰 나무 크기에 비하여 조그만 잎 크기와 좌우 비대칭인 잎 모양 그리고 엽전 모양 열매를 달고 있는 것도 세 나무 모두 가진 특징이다. 최근에 만든 공원에서도 느릅나무 이름표를 달고 있는 참느릅나무를 찾아 볼 수 있다. 조경공사 막판에 이름표를 설치하는데 주의 깊게 살피지 않으면 잘못된 이름표를 붙이기 쉽다.

그러나 조금만 자세히 살펴보면 뚜렷한 차이점을 찾을 수 있다. 수피 모습을 살펴보자면 참느릅나무는 얼룩무늬이고 느릅나무는 세로로 길게 갈라진 모습이다. 참느릅나무는 늦가을에 씨앗을 맺은 후 겨울동안 가지에 달라붙어 있다가 초봄에 서서히 떨어져 건조한 환경에서도 생명력을 유지하다가 적당한 조건에 발아하여 대부분 나무로 성장한다. 참느릅나무 열매는 겨울철에 나뭇가지에 달려있어 겨울 철새인 되새가 즐겨 먹는 먹이가 된다. 수십 마리씩 무리지어 참느릅나무에 달려 들어 열매를 쪼아 먹는다.

수피 구분(느릅나무-참느릅나무-비술나무)

들판에서 하천변으로

참느릅나무는 봄이 찾아와 세상 모든 식물들이 푸른 잎을 피우는데도 죽은 듯이 조용하기만 하다. 5월 초가 되어서야 슬그머니 연두색 잎을 내밀고 9월쯤 뒤늦게 꽃이 피고 열매가 달린다. 강추위와 거센 바람에 잘 견디고 잘 산다. 한겨울에도 열매가 겨우내 나무가지에 많이 매달려 있다.

2010년도 쯤에 한강르네상스 공사를 하면서 한강 둔치에 다양한 종류의 나무를 심었다. 느티나무, 물푸레나무, 팽나무, 회화나무 등은 홍수로 불어난 흙탕물에 1주일 이

한강둔치의 홍수에서 살아남은 참느릅나무

상 잠기고 나면 거의 다 죽었다. 결국 살아 남는 나무는 버드나무와 참느릅나무 밖에 없었다. 거의 매년 침수하는 동부간선도로 옆 중랑천 둔치에 굳건히 살아남은 나무 역시 참느릅나무이다. 수 년 동안 겪은 학습효과로 도시하천 둔치에 참느릅나무를 구해 식재하기 시작하여 이젠 여러 하천변에서 참느릅나무를 볼 수 있게 되었다.

어느 산림학자는 '짐승이 사는 거친 산의 지킴이가 참나무라고 한다면, 사람이 사는 대지의 지킴이는 참느릅나무'라고 구분지었다. 산업화 과정을 거치면서 사람이 살 수 있는 토지의 대부분은 도시화 되면서 인위적인 계획에 따라 다양한 조경수를 식재했다. 그 덕분에 참느릅나무의 서식처가 많이 없어져 버렸지만 강가 둔치에서나마 군락을 이루고 명맥을 유지하고 있다. 홍수에 따른 장기간 침수에도 살아남을 수 있기 때문에 강변에서 살 수 있는 것이다. 도시하천을 따라 만든 산책로를 걸을 때 참느릅나무 이름을 불러주고 아는 체를 해주면 좋겠다.

중랑천 둔치에 심은 참느릅나무

대나무

Bambusa Schreb. (bamboo 竹)

나무도 아닌 것이 풀도 아닌 것이

'참나무'가 없듯이 '대나무'도 없다. 대나무는 여러 대나무 종류를 전부를 부르는 단어이다. 대숲에 세찬 바람이 불어오면 숲 전체가 한 몸이 되어 바람결에 따라 휜다. 촘촘한 그물망처럼 빽빽하게 들어선 대나무들은 한 몸이 되어 다 같이 버티며 살아 간다. 대나무는 오래전 고대시대부터 전쟁 무기인 화살을 비롯하여 피리 등의 악기, 건축자재, 농사도구, 낚싯대 그리고 죽세공 제품에 이르기까지 인류 문명에 이바지해왔다. 특히 고대 아시아에서는 종이가 발명되기 전에 대나무를 일정한 크기로 엮은 죽간에 글을 기록하여 문서로 사용했다.

대나무 숲

대나무

우리 조상들은 '대나무는 나무일까 풀일까?' 하는 의문을 가진 듯 하다. 고산 윤선도는 오우가라는 시조에서 대나무를 '나무도 아닌 것이 풀도 아닌 것이' 이라고 표현했지만 사실 대나무는 식물분류학으로 따지면 풀에 속한다. 벼과 집안으로 '키가 큰 초본'으로 분류할 수 있다. 풀과 나무를 구분하는 기준은 딱딱한 목질부와 부피 생장을 하는 형성층의 존재 여부이다. 대나무는 목질부가 있어서 표면이 딱딱해 지지만 형성층이 없어서 일정한 크기 이상으로 부피 생장이 이뤄지지 않기 때문에 풀로 분류한다. 대나무는 생장하기 시작하여 20일에서 50일 만에 키가 다 자라고, 그 뒤로는 더 이상 굵어지지 않고 굳어지기만 한다.

대나무는 매화 · 난초 · 국화와 함께 사군자로 대접받았다. 대나무는 겨울에도 푸르러 절개가 굳세고, 속이 비어있어 마음을 비우니 군자가 본받을 품성을 모두 지녔다 하여 우리 민족은 예로부터 대나무를 좋아하였다. 오늘날에는 사이버 세계속 익명의 고발 공간인 '대나무숲'이라는 이름으로 살아있다. 대나무숲이라는 이름은 '임금님 귀는 당나귀 귀'라고 대나무숲에서 외친 설화에서 따온 것이라고 한다. 이는 특정 업무에 일하는 사람들이 한풀이를 위해 만들어진 SNS의 공동 계정을 말한다. 철저히 익명성을 보장하며 뒷담화를 하거나 부조리한 업계의 현실을 폭로하는 공론의 장으로 사용하고 있다.

대나무는 고온다습한 열대지방에서 자라는 식물이다. 우리나라에서 대나무가 자생하는 지역은 양양에서부터 동해안을 따라 내려와 안동과 김천, 영동, 무주, 부여로 연결되는 선의 남쪽 지방으로 한정된다. 대나무숲을 대규모 경제림으로 조성할 수 있는 곳은 경상남도와 전라남도가 적당한 지역이다. 대나무는 난대성 식물이라 겨울 추위가 혹독한 수도권 지역에서는 실외공간에서 살아남기 어렵다. 기후변화로 인한 한반도 온난화 현상 때문에 생육한계선이 북상했다고 하지만 단 한 해의 강추위에 말라 죽을 수 있다.

대나무의 특징 가운데 하나가 꽃을 보기 힘들다는 것이다. 대나무는 씨앗보다는 땅속줄기로 번식을 한다. 당연히 꽃의 역할은 축소되어 매년 피지 않는다. 땅 위에서 보이는 많은 대나무들은 알고보면 땅속줄기로 연결된 단 몇 개의 대나무 개체에 불과한 것이다.

대나무 5형제

전 세계에 1,200여 종이나 분포하는데 우리나라 주요 대나무는 왕대, 맹종죽, 오죽, 이대, 그리고 조릿대 등이 있다. 왕대는 가장 흔하게 볼 수 있는 대나무다. 기후가 좋으면 높이 20m 까지 자라지만 추운 지방에서는 키가 4m 정도로 낮게 자란다. 옆으로 뻗는 땅속줄기로 번식한다. 잎은 좁고 길고 습기가 많은 땅을 좋아하고 생장이 빠르다. 맹종죽은 대나무 중에서 가장 굵은데 직경 20cm까지 큰다. 높이는 약 10m까지 자라는데 하루에 1m까지 자랄 정도로 생장속도가 빠른 편이다. 어린 죽순은 요리 재료로 인기가 많다. 줄기가 검은색인 오죽은 줄기가 처음에는 녹색으로 자라다가 차츰 성장하면서 검은색으로 변한다. 강릉 오죽헌의 오죽이 유명하다.

왕대 맹종죽 오죽

이대는 화살대를 만들던 대나무로 키는 3m까지 자라고 줄기가 곧고 마디 사이가 길다. 줄기 두께가 가늘고 아래와 윗 부분이 같은 굵기를 가지고 있다. 조릿대는 키작은 대나무로 우리나라의 어느 숲에서나 흔하게 볼 수 있어 산죽이라고도 한다. '곡식에 들어 있는 이물질을 걸러내는 조리'를 만드는 대나무라는 의미에서 붙여진 이름이다. 땅속으로 뿌리줄기가 뻗어 새로운 개체가 발생하는 영양번식과 씨앗을 통해 번식하는 종자번식을 함께 하여 군락을 쉽게 이룬다. 음지에서도 잘 자라고 추위에 강하며, 수분이 적당하고 비옥한 토양을 좋아한다. 제주도에 자생하는 제주조릿대는 잎에 두꺼운 금색 테두리가 있는 것이 특징이다. 강한 번식력으로 한라산 고지대까지 잠식하여 시로미와 털진달래 등 한라산 자생식물에 피해를 주는 식생교란종으로 취급되기도 한다. 제주조릿대는 한라산에서 소와 말의 방목이 금지된 1980년대부터 퍼지기 시작해 지금은 한라산 국립공원 전역에 퍼져 있다.

이대 조릿대 제주조릿대

대나무의 가치와 위협

관광형 대나무숲으로 조성한 담양 죽녹원은 볼거리로 유명하다. 대나무 특유의 차가운 기운으로 태양열을 차분하게 가라앉혀주는 풍광은 여름철의 피서지로도 손색이 없다. 공휴일에는 평균 5만 명이 넘는 방문객이 온다는 통계 숫자로 대나무숲의 관광자원 가치를 알 수 있다.

강변의 대나무 숲 중에서 조선시대부터 내려오는 숲가운데 유일하게 남아 있는 울산 태화강 십리대숲은 4km 정도 이어진 대나무숲이다. 울산의 중심부를 지나는 태화강 강변에 있는데 지금은 142,000㎡ 규모가 남아 있다. 예전부터 태화강변에 대나무가 자생해왔는데, 일제강점기에 태화강 범람 피해를 막고자 주민들이 백사장에 대나무를 추가로 더 심어 지금의 커다란 대밭이 되었다고 한다. 강한 태풍 때문에 수차례 피해를 입었지만, 평소에 대나무숲 관리를 잘하고 있어 태화강국가정원의 핵심공간으로 자리 잡고 있다.

탄소저감이 시급한 숙제로 닥친 요즘 탄소 흡수원으로 대나무숲이 평가받고 있다. 대나무는 온실가스 흡수능력이 매우 뛰어난 식물로 대나무숲 1ha당 연간 이산화탄소 약 30ton을 흡수할 수 있다 한다. 일반 나무의 4배에 해당하는 규모라고 하니 앞으로 재배면적을 더욱 넓혀 나가야 하겠다.

최근들어 도시녹지에 지피식물로 널리 식재한 사사조릿대속(*Pleioblastus*)이 문제를 일으키고 있다. 사사조릿대 특성은 상록성으로 광택이 있는 잎이 조밀하게 발달하고 지표면에 붙어 키가 낮은 군락을 이룬다. 생육이 왕성한 지하경은 토양의 유실을 막아주고 교목층의 하부에 군락으로 자라 독특한 경관을 연출한다. 겨울철이 긴 우리나라에서 내한성이 강한 상록관목으로 많은 녹지에 식재하였다. 몇 십년전부터 일본에서 수입하여 대량으로 식재하였는데, 마치 환삼덩굴처럼 주변 관목이나 초화류를 뒤덮어 주변 식물을 고사시키고 있다.

사사조릿대 묘목 / 사사조릿대 식재 후 회양목 피압 현상

슬기로운 대나무 식재방법

돌아가신 현대그룹 정주영회장은 대나무를 무척 좋아했다. 공장은 대부분 울산지역에 있었는데 공장 조경시 대나무숲을 많이 조성했다. 담장을 비롯하여 호텔이나 영빈관 등에는 반드시 왕대를 심어놓고 방문할 때마다 왕대숲을 거닐곤 했다고 한다. 어느 해 태풍에 훼손된 대나무를 살리라는 불호령이 떨어졌다. 공장 책임자는 만사를 제쳐놓고 대나무 전문가를 찾아 나섰고, 마침

대나무 생리를 잘 아는 조경기술자를 데리고 와서 대나무숲 관리를 맡겼다. 관리의 핵심내용은 습도조절이라서 조경기술자는 새벽 4시부터 대나무숲에 물을 충분히 주어 습도를 유지하기 시작했다. 물주는 소리에 새벽잠을 설친 왕회장은 불같이 화를 낼 지경인데도 대나무 살리기 위한 직원의 노력에 감동을 했다고 한다. 왕회장의 대나무 사랑은 고향인 북한 원산지방의 대나무숲을 그리워한 게 아닐까 하고 생각해 본다.

왕대 훈련목

동절기 피해입은 대나무

대나무를 심을 때는 식재 위치를 잘 잡아야 한다. 옛날에는 집 뒤에 심어 풍치림으로 이용했지만 뿌리 줄기가 끝없이 뻗어 나가는 특성을 감안하여 이웃 식물에 피해를 주지 않도록 주의해야 한다. 실내조경시 대나무를 식재하는 경우 공기순환을 검토해야 한다. 열풍과 냉풍을 견디기 어려운 대나무는 실내공간에서 살아가기가 곤란하다. 수도권에서 대나무 식재 적기는 추위가 물러간 4월경이 좋다. 오랜 경험으로 가을이나 겨울에 심으면 거의 다 죽는다는 게 정설이다. 관리를 잘하고 있는 서울로나 강남빌딩 등에서도 대나무를 상록으로 유지하기란 여간 힘든 일이 아니다. 겨울철 영하 10도가 넘는 날씨가 일주일 계속되면 대나무는 죽게 된다. 대나무는 풀에 가깝기 때문이다.

눈이 쌓인 대나무

Winter

도시나무 오디세이

Storytelling of Urban Trees

Chapter 4. 겨울

황금측백(원예종)

측백나무

Platycladus orientalis (thuja 側柏)

피톤치드처럼

측백나무 원산지는 중국 북부로 우리나라에서도 자생한다. 높이 20m, 지름 1m 정도까지 자란다. 껍질은 세로 방향으로 가늘고 길게 갈라지면서 벗겨진다. 석회암 분포 지역의 지표 식물로 학계에서는 보고 있다. 4월쯤 달걀 모양의 암꽃과 수꽃이 같은 나무에서 핀다. 측백나무의 잎은 비늘 모양으로 V자나 X자 모양으로 연속하여 난다. 뒷면에 작은 줄을 볼 수 있는데 앞뒷면이 서로 비슷하다.

대구 도동 향산, 단양 매포 등지의 석회암 토양지대에 오래된 측백나무 숲이 남아 있다. 사람의 접근이 어려운 장소라서 훼손되지 않아 원형 그대로 남아 있다고 한다. 묘목을 쉽게 구할 수 있고 어디서나 잘 자라서 학교나 주택 생울타리용으로 많이 심었다. 겨울철에 보기 드문 상록수라서 생활공간 주변에 많이 심었다. 그러나 어느 정도 큰 다음에는 수형이 아름답지 않아서 독립수로 심기에 부적당하다. 요즘은 농촌 축산농장에 측백나무로 생울타리를 조성하는 사례

측백나무(양재시민의 숲)

가 늘고 있다. 축산농장에 쾌적한 사육환경을 조성하고, 측백나무 고유의 냄새로 악취를 예방하고 해충을 방지하는 효과를 기대하고 있다.

측백나무과에는 측백, 화백, 편백나무가 있다. 세 종류 모두 비늘잎 모양이 비슷하여 구분하기 어려운데, 잎 뒷면에 있는 하얀 기공조선 형태가 측백은 V자, 편백은 Y자, 화백은 W자로 구분할 수 있다. 측백은 앞뒷면 잎이 거의 같고, 편백의 잎 끝은 둔한 둥근 모양이고 화백은 잎 끝이 뾰족하다. 잎이 달린 가지를 살펴보면 측백나무는 잎이 줄기와 같이 수직으로 세워져 있다. 먼 거리에서 보면 측백은 타원형이며, 곁가지가 예각이면 화백, 수평으로 뻗은 1자형은 편백으로 구별할 수 있다. 열매모양이 도깨비뿔은 측백, 구형은 화백이나 편백이다. 측백과 화백은 중부지방에 사는 데 비해 편백은 대부분 남부지방에 있다.

대동강물처럼

원뿔형으로 잎이 치밀하게 나는 서양측백(*Thuja occidentalis*)은 도입종으로 수형이 좋아 조경현장에 많이 식재한다. 서양측백은 울타리용 보다는 군식이나 독립수로 심고 빠른 성장 속도를 감안하여 식재 간격을 충분히 벌리는 것이 좋다. 미국에서는 서양측백의 원예종을 많이 개발하였는데 에메랄드 그린, 에메랄드 골드 등이 인기가 많다. 서양측백류는 햇별이 잘 드는 곳에 식재하고 겨울철 건조 피해를 받기 쉬우므로 식재후 물을 자주 주는 것이 좋다. 특히 에메랄드 그린은 영하 40도 추위에도 견딜 수 있는 수종인데 조경 현장에서는 겨울에 얼어 죽기 쉬운 나무라고 알려져 있다. 그러나 에메랄드 그린은 추위가 아니라 건조 때문에 죽는 것이라고 할 수 있다. 겨울철

측백 서양측백

과 꽃샘추위 시기에 부는 바람은 건조하고 차가운 바람이다. 겨울철 눈이 충분히 내리지 않아 별도로 물을 주지 않으면 수분이 부족하여 건조피해로 인해 나무가 죽는 것이다.

에메랄드 그린

에메랄드 그린(*Thuja occidentalis* Emerald Gold)는 추위에 강하고 키가 낮게 크는 왜성종이다. 수형이 독특한 상록수로 잎의 질감과 색상이 아름다워서 도심 녹지, 아파트, 정원 등에 많이 심는다. 몇 년 전 정치인이나 공공기관 직원이 토지 보상비를 노리고 이 나무를 심었다가 적발되어 사회적 문제로 언론의 주목을 받기도 했다. 묘목을 심은 후 1년 정도만 지나도 어느 정도 성장하여 상품성이 뛰어나기 때문에 토지보상비와 별도로 조경수 보상비를 많이 받을 수 있다는 제도를 악용한 사례였다.

그 밖에 고유종으로 태백산맥 북쪽에서 자생하며 큰 가지가 옆으로 퍼지는 눈측백(*Thuja koraiensis*)이 있다. 황금색 잎을 자랑하는 황금측백과 수형이 둥근 모양인 둥근측백 등 여러 품종들이 있다.

둥근측백

묘지기처럼

측백나무는 오래 전부터 신선이 되는 나무로 귀하게 추앙받았으며, 왕릉 주변에는 소나무를 심고, 귀족의 묘지에는 측백나무를 심었다고 전해진다. 측백나무에는 무덤 속 시신에 생기는 벌레를 죽이는 성분이 있어 묘지 주변에 많이 심었다고 한다. 공자묘나 제갈공명묘 주변에도 오래된 측백이 남아 있다고 한다. 이처럼 측백나무를 소중한 나무로 여겨 문묘, 향교, 사찰, 서원 주변에 심어 잘 관리하여 오랫동안 볼 수 있도록 하였다. 명륜당 대성전과 전국에 남아 있는 향교 뜰에는 오래된 아름드리 측백나무가 서 있다. 성리학을 신봉한 우리 선조들은 측백나무를 '성인의 좋은 기운을 받는 나무'라고 생각해 향교 뜰에 심었다고 한다.

추사 김정희의 세한도에 그려진 나무가 잣나무인지 측백인지 논쟁이 벌어진 적이 있었다. 논어의 구절인 "날씨가 추워진 후에야 소나무와 측백나무(松栢)가 늦게 시든다는 것을 안다"를 해석할 때 '松'은 당연히 소나무인데, 측백나무 '栢'을 무슨 나무로 볼 것인가로 논란이 벌어졌다. 세한도에 그려진 나무는 분명히 측백나무가 아니다.

가톨릭교회에서는 십자가 고상 뒤에 측백나무 가지를 꽂는데 이를 '성지(聖枝)'라 부르며, 부활절 바로 전 주가 되는 종려주일에 축성한 가지를 신자들

명륜당 측백나무

이 집에 가져가서 십자가 고상 위에 꽂아 놓았다가, 다음 해 재의 수요일에 이를 태워 신자들의 이마에 발라준다. 서양에서는 종려나무나 올리브나무로 하는데, 한국에서는 구할 수 없어서 보통 측백나무 잎으로 대체한다. 서양이나 동양 모두에서 측백나무는 아주 의미 있는 나무라는 것을 보여준다.

울타리처럼

측백나무 번식은 가을에 익은 종자를 채취하여 겨울 동안 노천매장을 해 두었다가 이듬해 봄에 파종하면 발아가 잘되어 1년이면 30㎝ 정도 크기의 묘목을 얻을 수 있다. 묘목을 심을 때는 건조 피해를 받기 쉬우므로 충분히 물을 줘야 한다. 가능하면 겨울철에 찬 바람을 맞는 곳을 피하고 햇볕이 잘드는 양지가 좋으며, 해마다 여름철에 적당한 전정을 하여 수형을 다듬는 것이 좋다. 측백나무는 잔뿌리가 발달해서 식재시 활착이 잘 되는 편이다. 수분이 많은 토양을 좋아한다. 주로 생울타리로 심는데, 성장하면서 줄기 아래 부분의 잎이 떨어지는 것을 감안하여 식재해야 한다. 둥근측백은 성장속도가 빨라 묘지 주변에 심게되면 커다랗게 자라 그늘을 만들어 잔디 생육에 피해를 줄 수 있다.

위-측백나무 아래-서양측백

60여년 전 아버지는 읍내 방앗간을 정리하고 과수원을 만들었다. 과수원 울타리에는 가시가 억센 탱자나무를 심고, 집 주변에는 측백나무를 심었다. 촘촘히 심은 측백나무가 어느 정도 자라자 매년 윗부분을 가지런히 전지를 했다. 가을에 잘라낸 측백나무 가지는 파스같이 묘한 냄새가 진동했는데, 잘 말려서 불쏘시개로 이용했다. 각종 곤충이 많이 생기는 농촌 환경인데도 측백나무 생울타리쪽에는 벌레를 볼 수 없었다. 세월이 많이 지난 지금은 생울타리

아래쪽에 굵은 줄기만 남아 있고 잎은 성기게 남아있다.

경의선 숲길 서양측백 생울타리(아래는 6년 후)

고향의 오래된 성당에도 키 큰 측백나무가 여러 그루 있었다. 농촌마을에 들어선 고딕식 성당 건물이 주는 이질감은 측백나무가 가려주었다. 잎을 깨물어 보면 맵고 쓴 맛이 강하게 났다. 차가운 겨울바람에 측백나무 잎은 부들거리며 파르르 떨어 매운 겨울 추위를 보여 주었다.

편백

Chamaecyparis obtusa
(Japanese cypress 扁柏)

이민 1세대

일본 원산의 상록교목으로 일본어로는 '히노끼'라고 한다. 키는 40m까지 성장한다. 줄기가 곧고 가지가 수평으로 퍼져 원추형으로 자라고, 나무 껍질은 적갈색으로 세로로 길게 갈라져 벗겨지는 특징이 있다. 잎은 두껍고 끝이 둔한 작은 바늘 모양의 잎이 가지에 밀생한다. 잎 뒷면에 Y자형의 흰색 숨구멍이 있어 W자형인 화백과 쉽게 구분할 수 있다. 물에 닿으면 특유의 향기가 진하게 퍼져 욕조나 도마 재질로 많이 사용하고 있다. 난대 기후에 연간 강수량이 1,200mm 이상이고 겨울 강수량이 100mm 이상인 지역에 조림하고, 해발 400m 이하의 산기슭 및 계곡에 토심이 깊고 배수가 잘되는 곳에서 잘 자란다. 일본 산림은 편백(히노끼)과 삼나무(스기) 조림지가 대부분이다.

샤이니 숲길의 편백 ©한국관광공사

편백 숲(무등산) ©네이버블로그

우리나라에는 삼나무(*Cryptomeria japonica*)와 함께 1904년도에 도입되어 제주도와 남부지방에 심었다. 동절기 기온이 일본보다 낮고 저습한 기후 때문에 느리게 성장하는 편이라 목재 생산량은 많지 않다. 그러나 삼림욕을 즐기며 각종 치유프로그램을 체험하는 용도로 많은 사람들에게 사랑을 받고 있다. 편백과 비슷한 모습을 가진 화백(*Chamaecyparis pisifera*)은 삼나무와 함께 일본에서 도입되었다. 난온대성 수종이지만 편백보다 추위에 강해 우리나라 모든 곳에 식재가 가능한 나무다. 공해에 강하고 미세먼지 저감 효과도 크다고 한다. 적당한 물기가 있는 곳에서 잘 자란다. 편백에 비하여 잎끝이 뾰족하다. 가지가 밑으로 처지는 실화백도 있다.

측백나무과에 속하는 측백, 화백, 편백 등은 멀리서 보면 나무 모양이 확연히 차이 난다. 측백나무는 타원형이며, 화백은 옆으로 난 가지가 예각이며, 편백은 가지와 잎이 지면과 수평으로 누워져 있다. 열매 형태는 측백이 도깨비 뿔처럼 생겼으며 화백과 편백은 구형이다. 측백과 화백은 중부지방에서 쉽게 볼 수 있으나 편백은 대부분이 남부지방에 살고 있다. 편백은 낙우송과인 삼나무에 비하여 건조한 환경과 척박한 토양에 잘 견디며 공중습도가 높은 곳에서 잘 자란다. 내한성과 내염성이 약하고 대기오염에 대해서는 다소 강한 편이다.

서울지방의 화백(탄천물재생센터)

편백 화백 측백

병주고 약준다

편백은 삼나무와 함께 봄철 알러지의 주범이라는 언론보도가 많이 나온다.

1963년 일본정부는 엔화 가치의 급격한 상승으로 수입산 목재에 대하여 관세를 폐지했다. 이후 목재 수요를 대부분 저가의 수입산 목재로 대체하게 되었다. 그 결과 1950년대부터 산림 녹화를 위하여 대량으로 심어 놓은 삼나무를 벌채하지 않고 방치하였다. 그 결과 고온 다습한 환경에서 빨리 성장하는 삼나무는 일본 산림의 18% 면적을 차지하게 되었다. 매년 일본에서는 삼나무와 편백에서 나오는 꽃가루 때문에 3천만명이 알러지로 고통을 받고 있다고 한다. 이 때문에 코로나19 발생 전에도 일본 사람들은 마스크를 항상 쓰고 다녔다고 한다. 삼나무 조림지역에 함께 심은 편백도 꽃가루를 발생하긴 하지만, 알러지 발생 효과는 삼나무에 비하여 미미하다는 정밀한 조사 결과가 최근 나왔다.

일본의 경우와 달리 우리나라의 편백 식재 지역은 넓지 않고 주거지역과 멀리 떨어져 있어서 봄철 꽃가루 알러지 피해 현상은 거의 없다고 한다. 편백숲에서 알러지로 고생한 사람은 별로 없고 숲 속 피톤치드를 느끼려는 방문객이 증가하고 있다. 제주도 감귤농장 경계에 심었던 삼나무는 꽃가루 알러지 때문에 이미 거의 전부 벌채했다.

삼나무 꽃가루

우리나라 사유림을 소유하고 있는 산주들은 다양한 용도로 이용할 수 있는 편백숲을 선호하고 있다. 그러나 편백 단순림으로 조성할 경우 산림의 다양한 생태계가 심각하게 훼손되는 위험이 커지게 된다. 산림 전문가는 일본에서도 신규 식재를 금지하는 편백을 대규모로 심는 것은 문제가 많다는 지적을 하고 있다.

편백 목재는 가구나 건축용 목재로 널리 사용된다. 내수성, 내구성, 항균성이 우수하고 특유의 복숭아색을 띤다. 목재의 표면이 매끄럽고 향이 좋아 원목 그대로 가구를 만들어 사용한다. 편백나무로 만든 욕조(히노끼

편백으로 만든 욕조

탕)도 있는데 물이 닿으면 나오는 진한 나무향 때문에 인기가 좋은 편이다. 밀폐된 실내공간에 많이 있는 유해물질인 포름알데히드를 제거하고 항균, 면역기능 증대효과가 있다고 한다. 이러한 특성으로 아토피 진정 효과와 알러지 저감 효과가 입증되어 고급 마감재로 많이 사용하고 있다. 현재 우리나라에서도 60년 이상된 편백 목재가 생산되는데, 일본보다 더 추워서 더디게 자라는 만큼 조직이 치밀하고 향이 좋다고 한다.

독을 잘쓰면 약이 된다

'피톤치드(phytoncide)'란 식물(phyton)이 죽인다(cide)를 의미하는 단어의 합성어이다. 용어의 기원에서 알 수 있듯이 '식물로부터 뿜어져 다른 생물을 죽이는 물질'이라는 것을 의미한다. 식물들의 꽃이나 잎에서 나는 냄새를 피톤치드라고 할 수 있는데, 하나의 성분이 아닌 다양한 성분들로 구성된 복합물질로 생물에게 다양한 작용을 한다. 다른 식물의 생장이나 종자의 발아를 억제하거나, 자신을 해치는 해충의 접근을 막기도 하며 꽃가루받이를 위해 곤충을 유인하기도 한다. 대부분 나무에서 방출하는데, 잎이나 줄기 등 다양한 조직에서 뿜어져 나온다. 일반적으로 활엽수보다는 침엽수가 더 많다는 연구결과가 있다. 편백에 피톤치드가 가장 많고 소나무, 전나무, 화백 등도 많이 함유되어 있다.

숲속에서 느낄 수 있는 피톤치드는 독특한 냄새를 만들어 사람에게 심리적인 안정감을 주면서 다양한 약리 효과로 건강에 도움이 된다고 알려져 있다. 특히 아토피 환자 치료에 도움을 준다고 한다. 생화학적 연구분석을 추가로 해봐야겠지만, 음이온이니 원적외선 같은 유사과학보다는 효능감이 있다는 평가를 받고 있다. 산림청 연구 결과에 따르면 편백나무는 소나무보다 5배나 많은 피톤치드를 내뿜는다고 한다. 따라서 피톤치드를 내세워 편백으로 만든 제품이 많이 개발되고 있다.

오래 전에 조성된 편백숲은 산림휴양을 위한 산림욕장이나 치유숲 등으로 활발하게 이용하고 있다. 기후변화에 따른 한반도 온난화 현상이 빨라져 남부지방은 서서히 아열대 기후처럼 변하고 있어 산림청은 편백을 조림 수종으로 추천하고 있다. 산림의 대부분을 차지하고 있는 소나무 숲은 산불이나 신종 병충해 피해로 점차 면적이 줄어들고 있다. 소나무를 대체하는 상록수로 편백이 추천을 많이 받고 있다. 최근들어 중부지방에서도 추위에 적응한 묘목을 심고 있지만 겨울 추위와 건조한 바람이라는 기후 조건 때문에 원산지처럼 빠른 생장을 기대하긴 어렵다.

축령산 편백 숲 ©장성군청

귤이 회수를 넘어 북쪽으로 가면 탱자가 된다

소나무 묘목 값이 비싸지고 산불에 잘타는 특성 때문에 인기가 떨어지자 대체 수종으로 편백나무가 각광받고 있다. 그러나 내한성이 떨어져 겨울에 춥고 눈이 많이 내리는 한국 기후에선 성장이 더디다는 단점이 있어 주로 남부지방에 많이 식재한다. 지금도 남부지방 산에 가보면 커다랗게 자란 소나무를 베어내고 편백 묘목을 식재한 모습을 자주 볼 수 있다. 아름드리 소나무 숲이 사라지고 편백을 심는다는 사실을 아쉬워하는 사람들도 많지만, 제주도를 비롯해 남부지역은 재선충이 가장 극심한 지역이므로 편백으로 교체 식재하는 산림정책이 바람직하다고 할 수 있다. 지구온난화 현상으로 최근에는 중부내륙지방에서도 조금씩 식재한다.

서울 은평구 봉산 자연림에 2014년부터 편백 숲이 조성되고 있다. 팥배나무와 참나무, 단풍나무 등 다양한 나무들이 자라는 자연림을 대규모로 벌목한 후 편백 묘목을 심고 있다.

봉산 편백조림지

세계적으로 생물다양성 보전이 자연환경보전의 핵심 목표로 추진되고 있는 상황에서 편백 인공림 조성 사업은 시대착오적 사업이라는 평가가 많다. 그 어떤 생태학자라도 기존 숲을 없애고 편백으로 인공숲을 조성하는 것에 동의하지 않을 것이다. 편백 숲을 조성하는 목적으로 '지속가능한 산림순환경영'과 '불량한 수종 갱신을 통한 이산화탄소 흡수량 상승'을 기대한다는 명분을 내세우지만, 속내는 건강에 좋다는 피톤치드가 풍부한 편백숲을 지역주민에게 제공하겠다는 실리가 숨어 있다고 할 수 있다. 멀리 남부지방까지 가지 않아도 동네 뒷산에서 손쉽게 산림휴양을 즐길 수 있도록 하겠다는 것이다. 현재 기후변화에 따른 일시적인 온난화 덕분에 편백의 활착은 별 무리 없이 잘 되고 있다. 지금처럼 세심한 관리를 받아 잘 자라는 편백이 앞으로 닥쳐올 지도 모르는 극심한 강추위와 건조한 겨울을 버틸 수 있을까 걱정 된다.

건조한 토양만 아니면 대체로 잘 활착한다. 내한성이나 내염성은 약하나 내공해성은 강하다. 누구나 다 아는 피톤치드 인기 덕분에 서울지역에도 편백을 심기 시작했다. 2016년에 준공한 경의선숲길에 키 큰 편백나무를 20여주를 심었다. 도시에서는 편백 키높이를 압도하는 건물이 많아 존재감이 미약하게 보인다. 남부지방 산림에서 보던 편백나무인 줄 알아보는 사람들도 별로 없었다. 어린 편백를 심어 보니 대부분 말라 죽는 현상이 나타났다. 아직 서울을 비롯한 중부지방에서는 기후 때문에 편백숲을 만든다는 것은 대단히 어렵다. 피톤치드를 즐기고 싶다면 남쪽으로 편백숲 탐방을 가는 것이 이치에 맞다.

경의선 숲길 편백

자작나무 숲

자작나무

Betula platyphylla
(birch 白樺)

오감을 만족한다

백두산같이 높은 산을 오르다 보면 자작나무숲을 볼 수 있다. 자작나무는 해발 평균 800m의 산림의 양지바른 곳에서 군락을 형성한다. 토양습도는 낮아도 잘 자라나 토양 중 산소량을 많이 요구하며, 비옥한 토양을 좋아한다. 추위에 강하고 햇빛을 좋아하는 극양수이며, 바닷가에서는 잘 자라지 못한다. 자작나무의 가장 큰 특징인 흰색 수피는 습자지처럼 얇게 벗겨진다. 어린 자작나무 수피는 다른 나무처럼 갈색이지만 성장하면서 수피에 있는 '베툴린산'이 빛을 반사해서 흰색을 띈다고 한다. 고대 고구려나 신라에서 종이 대용

아파트단지에 식재한 자작나무(서울 개포동)

으로 사용되었는데, 천마총의 그림도 이 자작나무 수피 위에 그렸다. 껍질에 기름 성분이 많아 어둠을 밝히는 횃불로도 사용되었다. 핀란드에서는 자작나무에서 추출한 천연감미료인 자일리톨을 식품으로 많이 이용해서 충치가 많지 않다고 한다.

기름기 많은 자작나무 가지를 태우면 '자작 자작' 소리가 유난히 크게 난다고 해서 자작나무라는 이름을 얻었다. 흰색 수피가 고급스러운 이미지를 주어 귀족 품계중 하나인 자작(子爵 viscount)인 줄 아는 사람도 많다. 자작나무를 의미하는 한자 화(樺)도 나무의 성분을 본뜬 이름이다. 화촉(樺燭)을 밝힌다는 결혼식 용어는 자작나무 껍질에 불을 붙여 부부의 앞날에 어두움을 물리치고 행복을 부른다는 의식으로 전해 내려온다. 춘궁기인 4월 곡우 절기쯤에 줄기에 상처를 내어 나오는 수액을 채집하여 마신다. 최근에는 합판으로 만들어 가구나 인테리어 마감재로 많이 사용하는데 부드러운 질감으로 수요가 많다.

자작나무 합판

수피가 자작나무와 비슷한 나무로는 600m이상 산림에 살고 있는 거제수나무(*Betula costata*)와 사스래나무(*Betula ermanii*)가 있다. 간혹 조경공사 현장에 자작나무로 잘못 알고 반입되어 심기도 한다. 거제수나무는 황갈색, 자작나무는 흰색, 사스래나무는 푸른빛이 도는 흰색 껍질을 가지고 있다. 거

거제수나무 수피 자작나무 수피 사스래나무 수피

제수나무는 높은 산의 중간지대에 분포하는데 팔만대장경의 목재로 쓰일 정도로 재질이 단단하다. 사스래나무는 주로 산 정상부에 분포하여 세찬 바람을 맞으며 줄기가 누워있는 모습을 하고 있다.

녹화보다 볼거리가 중하다

인제군 원대리에 위치한 '속삭이는 자작나무 숲'은 산림에 대규모 자작나무 숲을 조성한 한 곳으로 유명하다. 산림청에서 1974년부터 20년동안 자작나무 70만주를 조림하여 관리하고 있다. 이 곳은 솔잎혹파리가 휩쓸고 지나간 황폐화된 산간 오지에 자작나무 묘목으로 산림녹화를 한 경우인데, 30여년이 지나면서 멋진 산림 경관을 만들어 내 목재생산보다는 휴양림으로 가치를 뽐내고 있다. 봄의 신록, 여름의 녹음, 가을 노란색 단풍 그리고 겨울 눈 속의 흰 색 수피로 방문객에게 사시사철 볼거리를 주고 있다. 멋진 사진을 찍을 수 있는 명소로 널리 알려지면서 매년 30만명 이상의 관광객이 방문하는 유명 관광지가 됐다. 산림녹화 결과로 산림관광 명소라는 부가가치가 생긴 좋은 사례가 되었다. 이에 힘입어 최근 부근 산림에 자작나무 숲을 추가로 조성하고 있다.

자작나무의 4계절

인제 원대리 자작나무 숲

어느 시점부터인가 중부나 남부지방에서도 자작나무를 아파트나 공원에 심기 시작했는데, 도시의 건조한 환경과 여름철 무더위로 생육상태가 좋지 않다. 도시공원이나 아파트 녹지에서는 활발한 생육을 기대하기는 어려우므로 제한적으로 식재하는 것이 좋다. 수관은 발달하여 잎은 무성하게 달리는데 뿌리가 깊게 내리지 않아 지주목을 단단히 설치해도 강풍에 잘 넘어진다. 공해에 약한 편이라 도시지역에 심기 적당한 나무는 아니다. 대전시 남쪽 지역에 심으면 몇 년후 대부분 말라 죽는 것을 볼 수 있다. 남부지방에서는 생육이 곤란하므로 심지 말아야 한다. 그나마 수입종인 '잭큐몬티'라는 품종을 심으면 남부지방에서도 살릴 수 있다.

강풍에 쓰러진 자작나무

도시의 자작나무

추운 곳에서 왕성하게 살 수 있는 자작나무를 도시로 옮겨 심어 놓아 본들 더 이상 산림에서 보았던 자작나무숲이 될 수 없다. 도시지역에서는 보기 힘든 자작나무를 도시공원에 식재하는 사업이 늘어났다. 어느 도시에서는 공원을 조성하면서 자작나무 117주를 심었는데 1년 만에 무려 94주가 고사하고 말았다. 자작나무는 한대성 식물로 강원도 산림같이 추운 지역에서 살아가는 나무인데 도심 한가운데 공원 광장에 심었으니 고사하는게 당연하다고 전문가는 지적한다. 각종 공해와 복사열 그리고 건조한 토양에서 겨우 목숨만 붙어 있는 자작나무를 보고 싶을까? 기꺼이 몸을 움직여 산 속으로 올라가서 건강하게 살아가고 있는 그들을 보고 감동하는 것이 옳다. 그 정도 수고로움은 당연히 지불해야 하는 것이 자작나무에 대한 최소한의 예의가 아닐까 한다.

예술가가 사랑한 나무

자작나무는 높은 위도인 시베리아나 북유럽, 동아시아 북부, 북아메리카 북부 숲의 대표적인 나무이다. 하얗게 벗겨지는 수피와 곧게 뻗은 줄기로 여러 지역의 많은 민족이 신성시 하였다. 이렇듯 하늘과 인간을 연결하는 다리로 여겨져 샤먼이 기도를 할 때 자작나무를 태워 모닥불을 피우고 제사를 지냈다. 삼국유사에 나오는 고조선의 건국신화를 보면 환웅이 3천명의 백성을 이끌고 태백산 신단수 아래 신시를 열었다고 기록했다. 최근 연구에 따르면 신단수가 자작나무라는 주장이 설득력을 얻고 있다.

자작나무는 예술가들에게 영감을 주는 나무이다. 평북 정주에서 태어난 시인 백석은 '백화(白樺)'라는 시에서 '이 산골은 온통 자작나무다' 라고 쓰고, 어느 수필가는 '자작나무숲은 생명의 기쁨을 주체하지 못하고 작은 바람에도 늘 흔들린다. 자작나무숲이 흔들리는 모습은 잘 웃는 젊은 여자와도 같다'라고 비유했다. 겨울철에 즐겨 듣는 죠지 윈스턴의 피아노곡 모음집인 'december' 앨범 쟈켓에 등장하는 나무가 자작나무다. 눈 덮인 겨울 들판에 서 있는 자작나무를 보기만 해도 겨울 정취를 진하게 느낄 수 있다.

조지윈스턴 앨범자켓

자작나무숲은 영화 속 장엄한 장면으로 많은 사람들에게 감동을 주었다. 대표적인 영화로 닥터지바고(1965)가 있다. 끝없이 펼쳐진 설원과 눈 속에 서있는 자작나무 숲이 비극적인 스토리의 배경으로 너무나 잘 어울린다. 언젠가 백두산에 오르게 되면 만나게 될 자작나무숲의 감동을 상상해 본다.

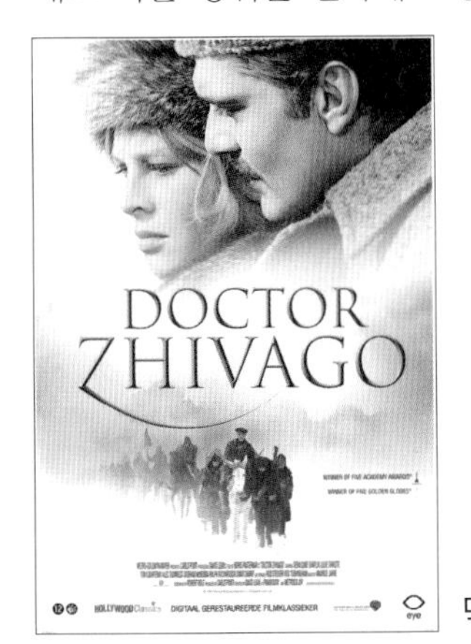

닥터지바고 영화포스터

내 고향으로 날 보내주

키가 5m 이상으로 자라면 꽃이 피고 열매를 맺는다. 종자는 가볍고 날개가 달려 멀리 날아갈 수 있다. 햇볕을 잘 받는 빈 땅만 있으면 쉽게 싹이 터서 순식간에 자작나무 숲을 만든다. 가을에 서리가 내리기 전에 종자를 받아서 저장하여 보관했다가 이듬해 4월에 파종한다. 성장속도가 빠른 편이고 비옥한 토양에서 잘 자란다. 묘목 시장에 실생묘가 많이 공급되며 병충해도 적은 편이라 쉽게 재배할 수 있다. 묘목 재배시 상순을 전지하면 수형을 매우 나쁘게 하므로 절대로 하지 않아야 한다. 특히 주간 상단을 자르게 되면 상품가치가 떨어지므로 각별히 주의해야 한다. 군식한 자작나무 주변에는 종자가 발아해서 어린 묘목이 싹트기도 한다.

봄날 밑으로 길게 늘어진 수꽃에서 꽃가루를 바람에 날려보내 수정하는데, 꽃가루 알러지를 일으킨다고 한다.

무성의한 전정

안산화랑공원 자작나무 군식

흰색 수피가 워낙 독특하여 특별한 의미가 있는 공간에 식재한다. 통풍이 잘되는 곳에 20주 이상 군식하는 것이 좋다. 나무 혼자서는 곧게 자라기 힘들다. 서로 빽빽하게 부대끼면서 자라다가 바람이 불어와 나무들끼리 곁가지를 부딪치면서 쓸모없는 가지들을 정리해야 올곧게 자랄 수 있다. 자작나무는 곁가지가 엉성해 독립수나 가로수로는 부적당하다. 지나칠 정도로 간격을 좁혀 군식하는 것이 좋다. 수도권 지역에서는 11월 말부터 맹아가 터지기 전인 3월 중순 이전에 식재해야 활착 가능성이 높다. 이식력이 매우 약하므로 이 시기를 놓치면 대부분 고사할 수 있다. 실제로 6월 초여름 날씨에 100주 심었는데 1주만 살아남은 경우를 본 적도 있다.

이북 출신 실향민들은 소나무보다 고향에서 익숙하게 보던 잣나무나 자작나무를 더 좋아한다. 하얀 수피에 하늘을 향해 곧게 뻗은 자작나무 숲은 이국적인 풍경을 보여준다. 그래서 자작나무숲을 제대로 즐기려면 나뭇잎이 다 떨어진 다음 푸르른 하늘이 숲의 배경이 되는 겨울철에 보는 것이 좋다. 다만 잘 살지도 못하는 곳에 심어 놓으면, 마치 전통악기로 고속도로 휴게소에서 고향 민요를 부르는 외국인처럼 처량하게 보일 수 있다.

고사한 자작나무

주목

주목

Taxus cuspidata (yew 朱木)

붉을 주(朱), 붉을 적(赤)

1,000 m 이상의 높은 산의 정상부 능선 쪽에 주목 자생지가 있다. 소백산, 태백산, 덕유산, 한라산 등의 높은 산 정상부에 주목 군락이 남아 있다. 상록교목으로 성장속도가 가장 느린 편으로 몇백년이 흘러야 10m 정도까지 자란다. 정선 두위봉에 있는 천연기념물인 주목 나이는 1,400년이나 된다고 한다. 줄기와 목재가 붉은 색이라서 주목이라고 한다. 빨간색 열매의 과육은 먹어도 되지만 씨앗은 강한 독성을 가지고 있다. 전정하지 않아도 보기좋게 원뿔형으로 자라며 그늘과 강추위도 잘 견딘다. 키 큰 나무들 밑에서 잠깐 들어오는 햇빛을 잘 흡수할 수 있도록 엽록소가 많은 진녹색 잎으로 진화했다. 짙은 녹색 잎이 독특하여 정원수로 귀하게 대접받는다.

태백산 주목

덕유산 주목

산성 토양에서 잘 크며 줄기는 수직으로 곧게 자란다. 옆으로 가지를 많이 뻗어 잎이 치밀하게 나 토피어리용 나무로 좋다. 속명 '*Taxus*'는 활이라는 뜻의 'taxon'에서 온 것으로 중세 유럽에서는 활로 만들었다. 주목 씨눈에서 추출하는 탁솔이라는 항암물질이 암 치료제에 탁월한 효과가 있다고 해서 많은 연구가 진행 중이다. 주목을 가르키는 '살아 천년 죽어 천년'이라는 말은 성장이 무척 느려서 천년을 살 수 있고, 재질이 단단해서 다 썩을 때까지 천년이 걸린다는 뜻이다.

故 정주영 회장이 소유한 하남농장에 조경수 묘목을 심는 프로젝트의 공사예산서를 작성한 적이 있었다. 비서실에서 내려보낸 예산서 표지에는 '赤木을 많이 식재하시오'라는 친필 지시 문구가 있었다. 조경부서 모든 직원이 모여 도대체 적목(赤木)이 무슨 나무인지 서로에게 물었다. 회장님한테 '적목이 무슨 나무인가요'라고 여쭤보다가 그것도 모르냐고 혼날게 뻔한 상황이었다. 붉은색 꽃이 피는 나무인가? 수피가 붉은 소나무인 적송(赤松)이 아닐까? 다양한 의견이 나왔지만 주목을 적목으로 잘못 썼다고 어림짐작하여 주목을 심어서 조용히 넘어간 적이 있었다. 한자어로 '朱'와 '赤'은 같은 붉은 색을 뜻하기는 하지만, 조경기사가 '적목'도 모르냐며 건축을 전공한 상사에게 야단맞았다. 나중에 알고 보니 주목을 정회장의 고향인 강원도에서는 적목, 경기도에서는 경목, 제주도에서는 노가리나무라고 부른다고 하니. 정회장이 전혀 틀린 글자를 내려보낸 것은 아니었다. 이처럼 지역에 따라 나무를 서로 다르게 부르는 경우가 많이 있다.

주목 열매

부귀영화의 아이콘

유럽의 주목은 우리 주목과 품종이 조금 다른데, 전정하여 원하는 모양을 만들기 쉽다. 프랑스가 자랑하는 베르사이유 정원은 태양왕 루이14세의 부름을 받은 정원사 '르 노트르'의 노력으로 1668년에 이르러 대부분 완성되었다.

정형식 정원 양식인 평면기하학식 디자인으로 절대왕권을 상징한다는 평가를 받는다. 웅장함과 화려함의 극치를 보여준다. 이 곳에서 볼 수 있는 원뿔 모양 토피어리는 대부분이 주목이다. 식재간격 또한 한 치의 오차도 없이 완벽한 대칭을 이루고 있다.

베르사이유 정원 주목

예전 우리나라에서도 고관대작이 기념 식수할 때 가장 많이 선정하는 수종이었다. 구하기 어려워 시중에서 쉽게 볼 수 없는 나무라 비싼 가격에도 불구하고, 귀중품처럼 보이는 이미지를 가지고 있어서 많이 선정되었다. 그러나 심는 지역과 장소를 감안하지 않은채 기념식수했다가 나중에 죽는 경우가 발생하여 관리인의 걱정거리가 되곤 했다. 땡볕에 노출되는 곳이나 연중 온화한 지역에 심었다가 죽으면 다시 심기를 반복하다가, 결국 다른 종류의 나무로 바꿔심기도 했다. 기념식수로 심겨진 주목을 전부 조사해 보면 부적당한 장소에 심겨진 주목은 생육상태가 불량하거나 말라 죽어 사라졌을 것이다.

기념식수한 주목

오래 전부터 장수와 강인함의 상징으로 여겨져 부잣집 정원에는 반드시 심었다. 성북동이나 논현동 고급주택 정원에서 빠질 수 없는 정원수로 대접받았다. 은평신도시가 개발되기 전에는 북한산 효자리에 조경수 판매장이 많이 자리 잡고 있었다. 정원수의

기념식수한 주목

대명사인 향나무와 더불어 주목을 간판 조경수로 내세워야 정원 주인들의 시선을 끄는 데 성공했다. 최근 시민들에게 개방된 청와대에도 오래전 고려시대에 심은 주목이 745년 동안 살고 있다.

원산지 증명

생장이 느리다 보니 생산량이 부족하여 예전에는 판매 가격이 상당히 높게 형성되었다. 더구나 조경 현장에 주목의 수요가 많지 않아 대량 생산할 필요가 없었다. 어쩌다 주목이 대량으로 설계된 현장을 만나면 수목 구입비용에서 손해가 많이 발생하게 되었다. 하지만 이익을 남겨야 하는 시공업체는 주목이 설계에 들어 있으면 별의별 핑계를 대어 최대한 수량을 줄이고 다른 상록수인 섬잣나무나 향나무를 심곤 했다. 지금은 주목과 비슷한 역할을 할 수 있는 조경수를 많이 수입하고 있다.

소득수준이 높아감에 따라 식재 디자인 개념이 바뀌기 시작했다. 도시의 비좁은 녹지에 심어 모양을 낼 수 있는 원뿔형 수형을 가진 조경수가 많이 수입 판매되고 있다. 이러한 수입산 조경수는 성장속도가 빨라 대량으로 생산되어 주목 수요를 잠식해 나갔다. 블루엔젤, 문그로우 그리고 에메랄드그린 같은 상록수가 주목의 자리를 대체하고 있다. 현대식 건물 분위기와 잘 어울리는 이들 수입 조경수는 유럽식 정원 분위기를 낼 수 있다. 카페 발코니를 장식하는 화분용 식물이나 낮은 울타리용 식물로 심고 있다.

고사한 주목

전통적으로 중부지방 북쪽에서 주로 재배하고 있다가, 생장속도를 빠르게 하기 위하여 따뜻한 남부지방에서 많이 재배하기 시작했다. 빠르게 성장한 주목을 수도권 현장에 식재하게 되면 겨울 강추위에 동해를 입어 고사하는 현상이 자주 발생했다. 상록수는 죽으면 갈색으로 낙엽이 선명하게 드러나서 빨리 교체해야 한다. 조경기술자는 생산지역을 확인하여 최소한 중부지방 이북에서 키운 나무를 식재해야 한다. 별 이유 없이 죽는다면 생산 지역을 의심해야 한다.

유행은 바뀐다

자연 상태에서 자라는 환경조건에 맞춰 그늘이나 반그늘에 심는 것이 좋다. 특히 배수가 안되면 100% 고사하기 때문에 토양 환경을 주의 깊게 살펴야 하고, 수경시설 주변에는 피하는 것이 좋다. 잔뿌리가 발달해 옮겨심기 쉽고 병해충도 거의 없는 편이다. 어린 묘목일 때는 느리게 자라지만 약 10년 정도 지나면 성장속도가 빨라진다. 전정은 도장지만 잘라주는 수준으로 간단하고, 스스로 수형을 잡으며 성장하므로 관리가 쉬운 편이다. 원래 수형은 원뿔형이나, 생산과정에서 둥근주목 또는 눈주목 형태로도 키운다.

주목-둥근주목 생산농장

예전 조경디자인에서는 공간을 구분하는 경우 줄지어 식재하는 방식이 대부분이었다. 일정한 간격으로 열식하는 장소에는 둥근주목이 좋은 소재였다. 그러나 이러한 디자인이 줄어 들어 둥근주목의 수요가 점차 사라졌다. 또한 지표면을 덮는 디자인도 줄어 들어 눈주목을 찾는 사람이 없어졌다. 애써 키운 둥근주목과 눈주목의 수요가 사라짐에 다라 애물단지가 되어 버렸다. 생산은 더딘데 유행의 변화는 빠르다.

겨울이 긴 우리나라에서는 상록수 수종이 다양할수록 좋다. 도시 환경에 잘 적응할 수 있는 상록수 종류가 부족한 편이다. 주목 재배 기술의 발전을 통하여 생산원가를 낮춰 수입 조경수에게 내준 자리를 찾는 노력을 해야 한다. 오랫동안 이어온 정원수의 맏형인 주목의 몰락이 아쉽다.

주목 열식

향나무

Juniperus chinensis (Chinese juniper 香)

장수를 상징한다

성장속도가 느린 편이며 약 20m까지 자라는 상록수로 겨울철 초록색 잎을 가득 품은 채 삭막한 겨울 정원에 푸르름을 채워주는 조경수다. 극양수로 조금이라도 일조량이 부족하거나 통풍이 안되는 장소에서는 생육이 불량하다. 산지의 햇볕이 잘 드는 건조한 지역에 주로 자라나 습한 토양에서도 잘 자라는 편이다. 어린 잎은 바늘처럼 뾰족한 잎이 달리지만 5년 정도 지나면 부드러운 감촉을 가진 잎으로 변한다. 토양에 영양분이 풍부하면 침엽이 사라지지만, 간혹 이식한 후에 바늘 잎이 새로 돋아나는 경우도 생긴다. 정원수의 대명사로 우리나라 고산지대를 제외한 전역에 자라고 있으며 공해에도 강하다. 주

송광사의 향나무(800년)

아침고요수목원 천년향

향나무(잠실동 아파트 입구)

목처럼 성장이 느려 노거수가 많다. 장수 식물로 울릉도 향나무 자생지에는 세계에서 가장 오래된 2,500년 된 향나무가 있다. 사찰이나 향교에 보호수로 지정된 노거수가 많이 남아있다. 안동의 한 마을을 지켜주던 향나무는 수몰될 위기에 처하자 가평 아침고요수목원으로 이식하여 상징목으로 살고 있다.

목재에서 나는 진한 향기 때문에 향나무로 부른다. 향나무의 심재는 강한 향기를 내는데, 이것을 불에 태우면 더 진한 향기를 내므로 제사 때 향료로 널리 쓰여졌다. 오래 전부터 예불이나 제사를 지낼 때 향나무를 태워 향불을 피웠다. 강신을 위한 상징적인 절차로 분향은 주변의 악취를 없애며 정신을 정갈하게 한다. 향을 피우는 관습은 동서양에서 모두 볼 수 있다. 유독 향나무에 '향'이란 이름을 붙인 까닭은 향나무를 태울 때 나는 독특한 향내가 엄청나게 진하기 때문이다. 고려 시대에는 향나무를 잘라 통째로 바다와 만나는 강가에 묻어두는 매향(埋香)의식이 성행했다. 몇 년간 향나무를 묻었다가 파내 건조하면 향 중 으뜸으로 꼽는 침향(沈香)이 된다. 침향의 향내는 그윽하면서도 맑고 오래가서 지친 심신을 안정시켜 최상급으로 대우받았다. 어릴 적 향나무 연필 깎으면 진하게 느낄 수 있던 향기도 추억으로 남아있다.

향나무 잎이나 줄기에는 독특한 성분이 많이 있어서 특유의 향기를 배출하여 병충해가 거의 없는 편이다. 그러나 배나무 등 장미과 식물에 큰 피해를 끼치는 적성병을 옮기는 중간 숙주 나무 역할을 한다. 향나무에서 녹포자가 발아하여 기생, 월동한다. 배나무 잎에 별 모양의 작은 황색 무늬가 생기면서 이것이 차차 커져 적갈색 얼룩점이 되면서 잎을 마르게 하여 과수 수확량에 큰 피해를 준다. 이처럼 배나무 밭 주변에 향나무를 심었다가 과수 피해가 발생하는 경우가 많이 발생하므로, 무심코 향나무를 식재하면 주변의 과수원에 피해가 갈 수 있으니 조심해야 한다.

배나무잎의 적성병

과거에 머물러 있다간 망한다

향나무 씨앗은 자연 발아가 어렵지만, 조류가 열매를 먹고 난 후 배설한 다음에는 발아가 쉽게 된다. 위로 크는 줄기가 없고 곧게 자라지 않고 여러 가지가 한꺼번에 자라서 둥근 수형으로 자라는 옥향이 있고, 어릴 때부터 구형으로 다듬어 키우는 둥근향나무가 있다. 둥근향나무는 예전 저층아파트를 건설할 때 햇볕이 잘드는 아파트 전면 녹지에 열식용 소재로 많이 심었다. 옥향은 묘소 주변에 식재하는 수종으로 알려져 있다. 왕성하게 자라는 잔디나 잡초와 경쟁하여 이겨낼 수 있기 때문에, 수시로 관리하기 어려운 묘소 주변에는 회양목이나 꽃나무보다 옥향을 심는 게 좋다.

옥향 눈향

눈향은 '눈(雪)'이 아니라 '누워있는' 향나무를 말한다. 오래 전부터 사람의 시선이 많이 가는 녹지 지표면을 관목으로 뒤덮는 식재 방식을 많이 사용했다. 주로 눈향이나 눈주목으로 덮어 황량한 겨울철에 녹색으로 보이는 녹지 면적을 확보하는 효과를 얻었다. 지금은 수입종을 비롯한 다양한 상록수 종류가 늘어나서 녹지를 눈향으로 덮는 방식은 점차 사라지고 있다.

입구에 향나무를 내세우거나 또는 눈향으로 녹지를 덮거나, 옥향이나 둥근향나무를 열식하는 식재방식은 일제강점기 시절부터 내려온 조경양식이다. 일정한 간격을 띄워 식재하는 열식을 통하여 공간을 구획하는 방식인데 지금은 설계 유행이 바뀌어 거의 안 쓰고 있다. 덩달아 향나무, 둥근향나무, 옥향 그리고 눈향의 구매 수요가 사라져 설계 흐름에 둔감한 생산 농가는 당황할 수밖에 없게 된다.

관공서 전면에 식재한 향나무

나무는 국경이 없다

카이즈카향(*Juniperus chinensis* 'Kaizuka')는 일본에서 개발한 개량종으로 가시잎이 없고 대부분 부드러운 비늘잎이다. 일본인 '카이즈카'라는 원예학자가 향나무를 개량해 만들어 일본의 신사 등에 주로 심어져 일본을 상징하는 나무로 알려져 있다. 잎 색이 밝은 연초록으로 어두운 진초록 잎을 지닌 향나무와 구분이 잘 된다. 전정을 하여 모양을 잡기 쉬운 편인데, 빠르게 성장하면서 체적이 커지기 때문에 풍압을 많이 받아 강풍 피해가 자주 발생한다. 최근들어 일본 원산이라며 항일 역사 공간에서 퇴출되고 있다. 국립현충원이나 사적지에 심겨진 카이즈카향나무는 광복절이 돌아올 때마다 비판하는 여론이 커지고 있다. 일본을 대표하는 조경수인 카이즈카향나무가 민족 정체성을 훼손하고 있는 주장이 여론의 호응을 받고 있지만 나무는 죄가 없다.

그 밖에 학교나 관공서 등에서 오래 전에 심겨진 카이스카향나무도 치우고 있는 중이다. 이처럼 카이즈카향나무는 수요가 사라지고 있어서 농장에서 방치되고 있다. 과거에는 조경수의 상징으로 귀한 대접을 받았으나, 지속적으로 전정을 해야 수형이 유지되는 단점 때문에 최근에는 아파트 조경현장에서도 수요가 점차 줄어들고 있다.

카이즈카향나무

오래 전에 미국에서 도입한 연필향나무를 비롯하여 최근에는 문그로우, 블루엔젤 그리고 로켓트향나무 등 다양한 원예종을 수입하고 있다. 이들의 원종은 록키마운틴향나무이다. 문그로우는 잎이 조밀하게 나고 수관폭이 비교적 큰 편이다. 가지가 풍성하며 거친 질감으로 잎을 손으로 만지면 약간 따끔거린다. 달빛을 닮았다고 붙여진 이름이며 은은한 흰색을 띤 은청색이 독특하여 유럽에서는 크리스마스트리로 인기가 많다. 주로 울타리나 차폐용으로 식재한다. 비슷하게 생긴 블루엔젤은 부드러운 느낌이 나는 비늘잎을 가지고 있다. 건조에 강하고 문그로우보다 키가 크게 자라지만 잎이 조밀하지 않다. 건조지나 척

문그로우

블루엔젤

스카이로켓향나무

박한 곳에서도 자랄 수 있지만 배수가 잘되고 충분한 유기질 토양에서 더욱 아름다운 색감을 나타낸다. 수관폭이 크지 않아 암석원이나 작은 정원의 포인트 나무로 사용한다. 로켓트향나무는 하늘로 향하는 로켓처럼 늘씬하게 치솟는 듯한 수형을 가지고 있어 스카이로켓이라고도 부른다. 전정하지 않아도 스스로 수형을 만들어 크기 때문에 관리가 쉬우며, 병충해에 강하다.

우리나라 산으로 오르다 보면 향나무와 비슷하게 생긴 키 작은 상록수를 볼 수 있는데 노간주나무(*Juniperus rigida*)이다. 잎은 바늘꼴로 날카롭고 성글며, 가지가 쉽게 휘어져서 소 코뚜레로 사용했다. 주로 소나무숲 속에 드문드문 자라고 있는데 노간주나무 열매는 약재나 드라이진 향신료로 쓰인다. 흔히 향나무로 잘 못 알아 묘소 주변으로 옮겨 심기도 한다.

노간주나무

이승과 저승을 이어준다

중국소설 삼국지연의에서 향나무가 신목(神木)으로 등장한다. 관우를 죽인 손권은 후환이 두려워 관우의 목을 목갑에 담아 조조에게 보냈다. 조조는 관우가 죽었으니 이제부터 잠을 편히 잘 것이라며 좋아하지만, 지략가인 사마의가 이는 책임을 돌리려는 손권의 술책이라면서 관우의 장사를 왕후의 예로 후하게 지내주어야 유비 · 장비 도원결의 형제의 복수를 피할 수 있을 것이라고 말한다. 이에 조조는 향나무로 몸통을 깎고 관우의 목을 맞춰 낙양성 남문 밖에다 후하게 장사를 지냈다. 그후 중국 민중의 수호신으로 추앙받아 온 관우의 묘역은 향나무숲으로 가꿔지면서 관림(關林)으로 불려지며, 공자의 묘역인 공림(孔林)과 더불어 신성시되었다.

유명 영화배우가 갑자기 폐암으로 세상을 떠났는데, 알고보니 7년 동안이나 모친을 기리며 화학제품으로 만든 향불을 실내에 피워놓고 지냈다고 한다. 폐에 치명적인 연기를 오랫동안 마신 게 발병 원인으로 지목되고 있다. 중국 사찰을 방문하면 소원을 비는 향불 연기가 경내를 가득 채우고 있는 걸 볼 수 있다. 명절 시기에는 화재가 발생한 것처럼 연기가 자욱하다. 전부 향나무 향불이 아니라 다발로 만든 심지향을 사용하는데 지독한 냄새에 기도하는 사람들의 건강이 걱정된다.

분향재료(향나무:심지향)

전정하지 않은 향나무

향나무는 종자 번식이 까다로워 주로 초여름 새 가지를 잘라 삽목으로 묘목을 생산한다. 삽목으로 생산한 '꺽꽂이 향나무'는 강풍에 잘 넘어진다는 속설이 있어 조경 현장에서는 씨앗으로 생산한 '씨향'을 선호한다. 오래 전부터 정원이나 관공서를 지을 때 어김없이 향나무를 심었다. 조경수를 대표하는 나무로 대접을 받았다. 하지만 수관폭이 크게 자라서 최근 들어서는 정원에서 점점 사라지고 있다. 밋밋한 수형으로 그늘만 크게 만들어 아파트에서도 식재하지 않는 편이다. 카이즈카향나무도 식재 직후에는 보기 좋으나 지속적으로 전정을 해줘야 제 모습을 유지할 수 있어서 전정비용을 아끼면 처음의 조형미는 사라지고 부담스러울 정도로 훌쩍 커버린다. 제사 문화가 견고했을 때는 분향용 목재 수요도 있었지만, 지금은 심지향을 쓰기 때문에 향나무 목재도 수요가 사라졌다.

개잎갈나무

Cedrus deodara
(Hymalaya cedar 雪松)

신의 나무

예전에는 '히말라야 시다'라고 불렀다. '히말라야'는 만년설과 강추위가 먼저 떠올라 아주 추운데서 자라는 나무로 오해할 수 있으나 히말라야 산맥의 끝자락인 인도 북서부나 아프가니스탄 등 다습하고 따뜻한 아열대 기후 지역에서 자란다. 원산지에서는 무리를 지어 커다란 숲을 이루며 살고 있다. 생장 속도가 빠르고 병충해가 거의 없으며 공해에 강한 것이 특징이다. 가지가 수평으로 퍼지고 작은 가지에 털이 나며 성장하면서 가지가 아래로 향해 땅에 거의 붙을 정도로 처진다. 1930년대에 처음 도입할 때 우리나라 자생종인 '잎

개잎갈나무(명동성당)

갈나무'와 비슷하게 생겼다고 해서 '개잎갈나무'라고 부른다. 히말라야 시다 어원을 따져보면 '히말라야'는 '눈'을 의미하는 '히'와 '산'을 의미하는 '말라야'의 합성어이며, '시다(cedar)'는 삼나무 또는 삼나무와 비슷한 침엽수를 말한다. 중국과 북한에서는 '눈 소나무', 즉 '설송(雪松)' 이라고 부른다.

일설에는 고 박정희대통령이 히말라야 시다를 좋아해서 대구 동대구로에 수백 그루를 가로수로 심었다고 한다. 히말라야 시다 거리는 파티마 병원에서 범어로까지 3km 구간에 이른다. 중앙분리대와 양쪽 끝 차선에 줄지어 늘어선 나무들은 보기에도 웅장한 느낌을 준다. 하지만 멋들어진 자태와 달리 뿌리가 얕게 자라 폭우나 폭설, 강풍에 잘 쓰러지고, 가지가 하늘 높이 뻗어 나무 관리가 어렵다. 차량이나 사람의 통행에 방해가 되지 않도록 아래쪽 가지를 자꾸 잘라 무게중심을 잡지 못해 강풍에 자주 쓰러지기를 반복했다. 어쩔 수 없이 주요 가지를 강전정을 해버려 본래의 수형이 사라졌다. 원산지에서는 많은 나무들이 함께 자라서 강풍에 넘어지는 경우가 드물다고 한다.

대구 개잎갈나무 가로수

개잎갈나무속(*Cedrus*)에는 '레바논 삼나무'가 있는데 성경 속에 등장하는 '백향목'을 말한다. 강한 살균 성분을 지니고 있어서 부패하지 않아 배를 건조하거나 파라오의 관이나 건축재로 사용되었다. 과거 고대 국가 페니키아는 이집트 같은 이웃 강대국들에게 이 백향목을 무역으로 수출하며 큰 부를 축적하였다. '신의 나무'로 부르는데 성경에서는 성전을 짓는데 쓰였다는 내용이 기록되어있다. 레바논의 국기와 국장에 나오는 나무이기 때문에 '레바논 삼나무'라고 부른다. 한 때 남벌로 훼손된 레바논 삼나무 숲은 레바논 일부 지역에 보존되어, 신의 삼나무(The Cedars of God)라고도 불리며 현재는 유네스코 세계문화유산으로 지정되어 보호받고 있다.

개잎갈나무 수형

레바논 삼나무

세계 3대 공원수

큰 의미는 없지만 금송과 아라우카리아와 함께 세계 3대 공원수로 꼽힌다. 독특한 수형으로 많은 사람들이 좋아한다고 한다. 정확하게 따져보자면 아열대 지방에서 사는 사람들이 보기에 그렇다는 것이다. 이들은 성장하면서 자연스러운 수형을 만드는 상록수이다. 금송은 부드러운 잎이 볼만하고, 아라우카리아는 단정한 수형을 자랑한다. 세계 3대 공원수니 머니 하며 선정하는 나무들은 평가자가 사는 지역에 따라 다를 수 밖에 없는데, 이상하게 우리나라에서는 일본의 영향 때문인지 자주 이야기 밥상에 오른다.

온대지방에서 보기 드문 피라밋형 모습이 독특하여 도시에 가로수로 많이 식재하였다. 성장한 후에는 넓은 녹지라야 이 큰 나무를 품을 수 있어서, 좁은 곳에 심어놓은 것들은 점차 벌목되어 사라지고 있다. 메타세쿼이아나 플라타너스도 같은 운명인 걸 보면 조경수로 사랑받으려면 천천히 크면서 이웃나무와 서로 잘 어울려야 오랫동안 사랑을 받을 수 있다.

1970년대까지 가로수나 조경수로 많이 식재하여 도시 여러 곳에서 흔히 볼 수 있었다. 그러나 도시의 발달로 녹지 면적이 좁아지고, 나무에 대한 선호도가 바

금송

아라우카라아

개잎갈나무

꿈에 따라 점차 사라지고 있다. 소나무처럼 뿌리를 곧게 아래로 내리지 않고 옆으로 뻗는다. 강풍에 쓰러질 위험이 아주 높아서 태풍이 상륙했을 때 많이 쓰러진다. 또 가지를 옆으로 길게 뻗어 가로수로 적합하지 않다. 이러한 특성을 충분히 고려하지 않고 가로수나 정원수로 심은 사례

강전정한 모습

가 많다. 미리 관리하느라고 강전정으로 가지를 마구 잘라 차마 눈뜨고 볼 수 없을 만큼 처참한 모습을 만들기도 한다. 성장 속도나 뿌리 발달 등 나무 생태를 제대로 고려하지 않고 멋진 경관만을 위해 심는 것은 나무에 대한 '폭거'라고 할 수 있다. 지나치게 크게 자라는 이유로 새롭게 식재하는 경우는 드물다. 어쩌다 남아있는 독립수는 정자목 역할을 하고 있다. 관광지의 넓은 잔디밭이나 호젓한 공원 한 켠에 외로이 서있는 키 큰 나무가 가지를 축 늘어트리고 있다면 대부분 개잎갈나무일 것이다.

도시 경관을 이루는 식물의 요소가 나무와 꽃인데, 급격한 도시화를 겪은 우리 나라에서는 힘있는 정치인이 좋아하는 수종이나 유행에 따라 나무를 심는 경우가 많았다. "선진국에 가봤더니 좋아 보이는 나무가 있던데 한 번 심어봐" 라는 한마디에 따져보지도 않고 덜컥 심은 나무들은 나중에 반드시 문제를 일으킨다. 강풍에 뿌리채 뽑히고 가지가 땅으로 처져 보행자를 힘들게 하

는 개잎갈나무가 대표적인 나무인 것이다. 이처럼 고민하지도 않고 심은 흑역사가 있는 반면, 지역 깃대종인 돌배나무, 감나무 등을 가로수로 심어 특별한 경관을 조성한 지역은 칭찬받아 마땅하다.

정원에 식재한 개잎갈나무

잎갈나무 3형제

처음 도입할 때에 우리나라에 살고 있는 잎갈나무(*Larix olgensis* var. *koreana*)와 비슷하다고 해서 개잎갈나무라고 불렀다. 상록성인 개잎갈나무와 달리 잎갈나무는 낙엽이 지는 나무이다. 최근 가리왕산에서 잎갈나무 군락지가 발견되었지만 현재는 남한에 거의 없고 금강산 이북에서만 자생하고 있다. 열매 조각이 40개 이하이며 끝이 곧아 일본잎갈나무(낙엽송)에 비해 확연한 차이점이다. 잎갈나무는 열매의 실편이 젖혀지지 않고 잎 뒷면이 녹색인 반면, 일본잎갈나무는 열매의 실편이 뒤로 젖혀지고 잎 뒷면이 흰빛을 띠는 것으로 구별 할 수 있다.

비슷한 잎을 가진 일본잎갈나무(*Larix kaempferi*)는 낙엽이 지는 소나무라는 의미로 낙엽송이라고 부른다. 일본이 원산지인 낙엽송은 1904년에 처음 도입되었으며, 굽는 일이 없이 시원스럽게 위로 뻗어 가는 극양수로 공해에는 비교적 약한 나무다. 일본잎갈나무는 1904년에 우리나라에 보급했고 초기에는 신작로의 가로수로 심었다. 북한지역에 주로 사는 잎갈나무와 구별하기 어렵지만 남한 지역에서 잘 자란다. 대대적으로 시행한 산림녹화 사업에 리기다소나무와 함께 낙엽송을 가장 많이 심었다. 속성수로 사방사업 효과가 크고, 짧은 시간내에 많은 목재를 생산할 수 있으며 병충해에 강한 편이다. 인공조림한 낙엽송은 엄청난 규모의 면적으로 남아 있다. 이른 봄에 연두색 신록이 갈색 나무들 사이에서 돋보이고, 가을 단풍은 밝은 병아리색으로 아름답게 물 들이는데 큰 역할을 한다.

잎갈나무(낙엽수)

일본잎갈나무(낙엽송)

개잎갈나무(상록수)

그러나 한편으로는 낙엽송은 대규모 조림으로 인해 다양한 수목이 어울려 살아가는 산림생태계를 망가트리는 주범이라는 비판도 듣고 있다. 몇 년 전 태백산이 국립공원으로 지정되면서 지역 언론에서 인공 조림한 50만 그루의 낙엽송을 문제 삼고 개선을 요구했다. 일단 일부 낙엽송 인공림에 대한 숲 생태 개선사업을 통하여 조림용 낙엽송에 대해 솎아베기를 통해 점진적으로 제거하고, 자생하고 있는 향토수종이 정착하도록 산림환경을 조성하는 사업을 단계적으로 시행하겠다고 지역사회를 설득했다고 한다.

일본잎갈나무의 단풍

내겐 너무 큰 당신

개잎갈나무는 처음 도입할 때는 주로 따뜻한 중부 이남 지역에서 조경수로 심기 시작했는데, 점점 중부 이북 지역에서도 잘 적응하고 있다. 기후변화로 인한 지구 온난화 현상으로 중부 지방의 연평균 기온이 올라간 것이 그 원인이기도 하다. 30m 높이까지 성장한 다. 멀리서 보면 단정한 원뿔형 수형이면서 옆으로 뻗은 가지는 마치 살짝 휘늘어져서 균형 잡힌 모습을 자랑한다. 기하학적으로 완벽한 갈라짐

개잎갈나무 씨앗

을 가진 열매는 그 자체로 아름답지만, 점점 벌어지면서 장미꽃이 핀 모습처럼 보여 더욱 사랑받고 있다. 추위에 약한 편이라 중부지방에서는 양지바르고 찬바람이 들이치지 않는 장소에 심는 것이 좋다.

명동성당의 개잎갈나무

과천시 가로수

오래 전에 심어 놓은 우람한 개잎갈나무는 점차 베어지고 있다. 고향 마을 학교 운동장 가에서 큰 키로 학생들에게 기억되고 있던 고목은 강풍에 넘어지거나 다른 나무와 어울리지 않는다며 베어내고 있다. 랜드마크를 위한 독립수로 심기 좋은 나무이지만 넓은 녹지면적을 필요로 하기 때문에 비좁은 도시에서 살아남기 어렵다. 명동성당에 5주 정도 남아 있고 과천에 가로수로 십여 그루 살아있다.

오래 전에 지은 아파트의 녹지를 가득 메운 메타세쿼이아와 개잎갈나무는 같이 심은 다른 나무들보다 훨씬 크게 자랐다. 주변의 재건축한 고층 아파트가 워낙 높이 서 있어 개잎갈나무의 거대함이 조금은 위축된 느낌이기 들지만, 한 겨울에도 상록의 잎으로 살벌한 겨울의 황량함을 누그러 트리고 있다.

소나무

Pinus densiflora (korean red pine 松)

국가대표 나무

우리나라를 대표하는 나무로 전국적으로 분포되어 자라는 상록 침엽수이다. 우리나라 수종 중 가장 넓은 분포면적을 가지며 개체수도 가장 많다. 소나무는 건조하거나 척박한 산성 토양에서 견디는 힘이 강하여 화강암 지대의 높은 산에서도 잘 자란다. 줄기 윗부분의 껍질이 적갈색이다. 잎은 2개씩 달리며 2년 후 가을에 떨어지며 새잎이 지속적으로 나와 항상 상록 침엽을 보여준다. 우리나라 기후와 토양이 소나무 성장환경에 적당하여 오래 전부터 산림의 대부분에서 소나무 군락이 번성했다. 햇빛을 좋아하며 뿌리나 잎에서 타감작용을 하는 물질을 내뿜어 진달래나 철쭉 정도만 소나무숲에서 공존할 수 있다.

소나무 숲

소나무의 '솔'은 '으뜸'이라는 의미로 여러 나무 중에 으뜸인 나무라는 뜻을 가진다. 대부분 내륙 지방에서 자란다고 '육송(陸松)'이라고 부르기도 한다. 나무 줄기가 붉은색을 띄어 '적송(赤松)'이라고 부르기도 하는데 일본식 이름이라고 한다. 우리나라 옛 문헌에서 소나무를 적송으로 기록한 사례는 없었고, 일본이 먼저 세계에 소개하였기 때문에 소나무의 영어 이름은 일본적송(Japanese red pine)으로 알려졌다. 얼마 전 광복 70주년을 맞아 국립수목원에서 소나무를 'korean red pine'이라고 이름을 붙였다.

잘 썩지 않으며 밀도가 단단한 소나무 목재는 벌레가 생기거나 휘거나 갈라지지도 않아 궁궐이나 사찰 건축물을 만드는 데 주로 쓰였다. 특히 궁궐을 짓는 목재는 소나무 외에는 쓰지 않았다. 조선시대에는 강원도나 경북 울진, 봉화에서 나는 춘양목을 왕실에서 관리하여 궁궐 건축에 사용했다. 민가 가까운 산에서 채집할 수 있는 소나무는 겨울철 난방용 땔감으로 쓰였고, 송홧가루나 껍질, 솔방울, 솔잎 등 어느 하나 안 쓰이는 부분이 없었다. 건축재, 가구재, 생활용품, 관재(棺材), 선박 재료로 다양하고도 폭넓게 이용되었다. "소나무에서 나고 소나무 속에서 살고 소나무에 죽는다"라는 속담이 있을 정도로 소나무는 우리 생활에 물질적 · 정신적으로 많은 보탬을 주었다. 소나무를 십장생(十長生)의 하나로 삼아 문인화에 항상 등장하고. 온갖 어려움을 이겨내는 기상으로 곧은 절개와 굳은 의지를 상징하는 나무로 자리 잡았다. 우리 민족은 소나무문화권에서 살아왔다고 해도 과언이 아닐 정도로 우리 생활에 큰 영향을 끼쳐 온 나무이다.

강릉시 가로수

사돈의 8촌까지 대가족

금강송

소나무는 개체수도 많거니와 종류도 다양하다. 한국을 대표하는 소나무인 '금강송'은 줄기가 밋밋하고 곧게 자라는 특징을 가지고 있다. 주로 강원도와 울진을 비롯한 경상북도 북부 지역에서 자라는데 금강석처럼 재질이 아주 단단해서 붙인 이름이다. 경주 안강 흥덕왕릉에서 볼 수 있는 구불구불한 줄기의 소나무는 '안강소나무'이다. 속리산에 있는 정2품송인 처진소나무는 가지가 가늘고 길어서 아래로 늘어진 형태이다. 반송은 줄기 밑부분에서 굵은 곁가지가 많이 갈라지며 수형이 우산처럼 생겼다. 백송은 성장속도가 무척 느리고 수피가 밋밋한데 성장한 후에는 회백색 수피를 나타내는 특징이 있다.

외국에서 들여온 '리기다소나무'는 속성수로 전국 산림에 산림녹화용으로 많이 식재하였다. 도시에서도 이따금 볼 수 있지만 수형이 우리 소나무보다 뒤떨어져 제한적으로 식재한다. 대왕송(*Pinus palustris*)은 소나무 중에서 가장 긴 잎을 자랑하여 붙인 이름이다. 종명 '*palustris*'은 습지라는 뜻을 가지고 있는데 대왕참나무(*Quercus palustris*)와 같이 습지에서 자라는 소나무이다.

리기다소나무

대왕송

어느 정도 자란 소나무를 인위적으로 가꿔 보기 좋게 만든 '조형소나무'는 비싸게 팔린다. 어릴 때부터 둥근 형태로 가꾼 '둥근소나무'는 예전에 비싸게 팔렸으나 최근에는 수요가 급감하였다. 줄기가 한쪽으로 기울어진 소나무는 구하기 어려워 가격이 무척 비싼데 시중에서는 '가브리소나무'로 부른다. 사육신의 시조에 나오는 '낙락장송'은 자신의 신념과 원칙을 굳게 지키는 사람을 칭찬하거나, 그런 사람이 되기를 바라는 의미로 쓰이는 데 높은 산 속에 홀로 높게 솟아 있는 소나무를 의미한다.

가브리소나무 조형소나무 둥근소나무

제주에서 유배 생활하던 추사 김정희는 귀한 서적을 잊지 않고 보내준 제자 이상적에게 보답하려고 1844년에 세한도를 그렸다. 논어의 구절인 歲寒然後 知松柏之後凋(한겨울 추운 날씨가 된 다음에야 송백이 시들지 않음을 알게 된다)에 나오는 송백(松柏)과 같은 사람이라 칭송하는 글을 써서 선물했다. 자신의 어려운 처지를 초라한 판자집으로 표현하고 역관 이상적과 우인들이 보여주는 선비의 지조를 네 그루의 나무로 표현했다. 그림 속 네 나무 이름에 대하여 여러 의견으로 나뉜다. 그동안 송백(松柏)이라는 구절에 얽매어 소나무 1그루와 잣나무 3그루로 알려졌다. 그러나 논어에서 백(柏)은 잣나무가 아닌 측백나무라는 주장도 있었으나 나무 형태로 보아 잣나무가 아니라 유배지였던 제주 상록수인 곰솔(해송)을 그린 것이라는 데 의견이 모아지고 있다.

세한도(좌-곰솔 3주, 우-소나무1주)

가지많은 나무 바람잘 날 없다

소나무는 극양수로 건조한 곳에서 견디는 힘이 강한데 어릴 때에는 햇볕을 충분히 받아야 성장할 수 있다. 소나무는 나무가 크기 어려운 환경에서 낙엽활엽수와 초기 생존경쟁에서 이길 수 있으나, 점차 양분과 토양습도가 적당해짐에 따라 낙엽활엽수에게 지고 만다. 이른바 자연천이 현상이다. 대부분의 산림에서 소나무는 산의 능선을 따라 살고 있고 비탈면과 계곡에는 낙엽활엽수가 자리 잡고 있다.

우리나라는 전체 산림의 약 25%가 소나무숲으로 약 16억 그루로 추산된다. 20여년 전에는 솔잎혹파리로 상당한 소나무숲이 피해를 입어 사라졌으나 꾸준한 방제로 극복하였는데 최근들어 소나무에 치명적인 전염병인 소나무재선충병이 나타났다. 치료제가 없어서 예방약을 개발하여 사전에 방제하고 있다. 발병하는 경우 조기에 발견하여 병에 걸린 나무를 베어내고 훈증 및 소각처리하고 있다. 특히 남부지방에서 피해가 심한데 조경용 소나무 굴취나 이동을 엄격히 통제하여 전국으로 확산하는 것을 방지하고 있다. 현재 소나무 숲은 생태계 변화가 극심해져서 재선충 뿐만 아니라 솔나방의 유충이나 솔잎혹파리, 소나무 좀벌레 등으로 많은 피해를 입고 있다. 단순히 산림환경에 문제가 발생한 것이 아니라 기후변화에 따른 온난화로 전에 없던 병충해가 나타난다는 분석이 설득력을 얻고 있다. 병해충 하나를 잡으면 또다른 게 나타날테니 온난화 현상을 염두에 두고 임업정책을 펴야한다.

대형 소나무 군식

예전에는 키 크고 무거운 소나무를 조경 현장에 시도를 못하다가, 1984년쯤 서울시청옆 서울신문사 사옥 신축 당시 소나무 3주를 중장비를 동원하여 이식에 성공했다. 때마침 중동 건설현장에서 놀고 있던 백호우나 크레인 같은 중장비가 국내로 반입되어, 산림 속에서 살고 있는 커다란 소나무를 이식할 수 있었다. 그 이후부터 소나무 사랑이 강한 우리나라는 너도나도 키 큰 소나무를 아파트단지, 공원이나 공공건축물에 식재하기 시작했다. 높아봐야 15층이던 아파트 층고가 30층 내외로 높아지다 보니 7m 정도 키 작은 소나무보다는 15m 이상 키 큰 장송으로 군식하기에 이르렀다. 키 큰 소나무 식재가 유행하게 된 것은 건축물의 높이가 올라간 탓이 크다고 할 수 있다.

소나무 천국

실생묘로 생산하는데 오랜 시간이 걸리므로 조경현장에서 유통하는 소나무 규격은 대부분 10m 이상이다. 이렇게 커다란 나무는 대부분 산림에서 굴취해서 공급하는데, 멋진 소나무가 사유림에 아무리 많더라도 지방정부의 허가 없이는 캘 수 없는 것이 현행 법체계이다. 다만 공공사업 등으로 산림을 훼손하는 경우에는 굴취허가를 쉽게 받을 수 있다. 수형 좋은 소나무가 많이 있는 임야는 땅 값보다 나무 값을 더 쳐주는 경우도 많다. 갓 굴취한 소나무는 '야생목'이라고 부르는데 이식 후 하자가 발생하는 경우가 많이 발생한다. 굴취한 후 농장에서 새 뿌리를 나게 하고 꾸준히 관리를 한 나무는 '훈련목'이라고 하며 조경현장에 이식하여도 대부분 활착율이 높다.

야생목 군식 훈련목 군식

소나무는 독립수로 가치가 크지 않으면 주로 모아심기를 한다. 우리나라 최초로 소나무 군식 방식으로 식재한 곳은 삼성동 한전 본사 사옥이었다. 이 후 올림픽공원을 비롯하여 소나무를 군식하는 곳이 많아졌다. 2002년에는 월드컵경기장 앞 광장에 20m 내외의 키 큰 소나무를 군식하여 경기장을 돋보이게 하였고, 혼잡한 명동거리에 가로수로 심기도 했다.

아파트 건물이 높아짐에 따라 키 큰 소나무를 많이 심기 시작한 시기도 이즈음이었다. 지금은 개방된 청와대 관저 입구 원형녹지에 조형소나무 3주를 식재할 때, 어디서 볼 때 제일 멋있어야 하느냐로 왈가왈부한 경험이 있다. 대통령이 출퇴근할 때마다 마주치는데, 밖에서 볼 때 보기 좋아야 한다는 의견이 우세해서 그렇게 식재했다. 현장에서 나무를 심을 때 가장 첨예하게 의견이 나뉘는 순간이다. 1988 서울올림픽과 2002 한일월드컵대회를 치르면서 우리나라는 도시의 조경경관이 변화하게 된다. 가장 한국적인 나무인 소나무를 도시 조경에 끌어들이면서 여러 곳에 식재하였는데, 소나무의 크기에 따른 경관의 변화가 흥미롭다.

청와대 관저 앞 소나무

올림픽공원의 소나무

월드컵경기장의 소나무

소나무와 친한 나무는 잣나무이다. 둘 다 상록수로 한반도 모든 산에서 이웃해서 살고 있다. '송무백열(松茂柏悅)'은 '소나무가 무성하니 잣나무가 기뻐한다' 라는 사자성어인데 '친구가 잘되는 것은 나의 기쁨이다.' 라는 의미이다. 솔잎 사이를 지나는 바람소리를 송뢰(松籟)라고 특별히 이름 지어 아름다운 음악으로 들을 정도로 소나무와 관련한 모든 것에 특별한 의미를 부여했다. 우리 민족이 제일 좋아하는 나무로 손꼽는 소나무는 솔잎, 송홧가루, 목재, 뿌리에 난 송이버섯까지 우리민족의 생활사에 존재감을 뚜렷이 나타냈다. 한반도 기후변화로 불과 30년 후에는 중부지방에서는 살 수가 없다는 산림과학자의 주장은 참으로 우울하게 들린다.

잣나무

Pinus koraiensis (Korean pine 五葉松)

소나무 친구

잣나무는 종소명 '*koraiensis*'에서 보듯이 우리나라가 원산지인 상록수로 오랜 시간동안 소나무와 친구처럼 서로 잘 어울려 산림을 풍성하게 채워줬다. 주로 한반도, 만주, 일본 등 동북아시아에서 자생하며 남부는 해발 1,000m 이상, 중부는 해발 300m 이상에서 잘 자란다. 추운 곳에서 잘 견디며 영하 수십도로 떨어지는 혹독한 환경에서 잘 자라는 강인한 나무이다. 1980년대에는 도시조경용으로 상록수인 잣나무를 많이 식재하였는데, 공해에 약하고 저지대에서 적응을 못하여 대부분 시간이 지날수록 수세가 약해지고 고사했다.

잣나무 조림지

잣나무 군식(양재시민의 숲)

1970년대 산림녹화 사업시 리기다소나무와 낙엽송과 더불어 전국 많은 산에 식재하였다. 조림된 후 오랜 시간이 지나서 잘 정착한 잣나무숲이 많아졌다. 여타 침엽수처럼 피톤치드의 일종인 '피넨'이란 물질을 내뿜는데 스트레스를 해소시키는 효과가 많기 때문에 사람들이 잣나무숲으로 산림욕을 가기도 한다. 흔히 편백에서 나온다는 '피톤치드'를 떠올리지만, 이는 식물이 내뿜는 물질 중에서 벌레를 퇴치하는 작용을 하는 물질 전부를 가르키는 말이다. 잣나무는 한국의 기후와 토양에 적합한 대표적인 고유 수종이다.

커다랗게 자라난 후에 는 소나무와 잣나무를 쉽게 구별 할 수 있는 사람들은 의외로 적다. 침엽 숫자로 구별할 수 있는데 잣나무는 5개, 소나무는 2~3개가 뭉쳐 있다. 멀리서 봤을 때는 소나무는 잎이 온통 녹색이지만 잣나무는 잎에 쑥색과 흰색이 섞여있다. 그 외에도 잣나무는 줄기의 껍질이 부드럽고 매끈한 반면 소나무의 껍질은 갈라진 형상에 거칠기 때문에 쉽게 구분할 수 있다. 수형으로도 구분할 수 있는데 소나무는 늘씬하고 윗부분에 가지가 남아있는 편이고, 잣나무는 솜사탕같이 몸집이 두툼하고 가지가 중간에서부터 치밀하게 발달한 특징이 있다. 서울 주변 산 길에서 소나무와 잣나무가 이웃하여 사이좋게 숲을 이루고 있는 것을 볼 수 있다.

그때는 맞고 지금은 틀리다

한자를 쓰는 동북아 3국에서는 같은 한자가 세월이 지나면서 다른 식물을 일컫는 경우가 많다. 백(柏)도 세 나라에서는 전혀 다른 나무로 쓰고 있다. 중국에서 송(松)은 소나무속 식물 전부인 소나무, 잣나무, 해송 등를 말한다. 공자가 춘추전국시대에 활동하던 시기에 잣나무는 볼 수 없던 나무이다. 그러니 논어에 나오는 '송백(松柏)'을 소나무와 잣나무로 해석하면 안된다. 중국에서는 만주쪽에서 자라는 잣나무를 특별히 조선송이나 해송으로 부르지 백(柏)이라고 부르지 않는다고 한다. 일본에서도 잣나무를 '일본오엽'에 대비하여 '조선오엽'으로 부른다. 일본에서는 백(柏)이 카시와(떡갈나무)를 의미한다. 정리하자면 '백(柏)'자는 중국에서는 측백나무과 식물인 측백과 향나무, 한국에서는 잣나무, 일본에서는 떡갈나무로 서로 다른 뜻으로 쓴다.

제사가 중요한 의식이던 고대 중국에서는 지위에 따라서 봉분의 높이와 주변에 심을 나무 종류를 정해 엄격히 따랐다. '천자의 봉분 주위에는 소나무, 귀족이나 성인은 측백나무(柏), 벼슬아치는 모감주나무, 선비는 회화나무 그리고 서민은 버드나무를 심는다.' 라고 되어 있다. 이를 흉내내어 우리 선조들이 산소 주변에 한자어를 잘 못 해석하여 측백나무를 심지 않고 잣나무를 심는 경우가 많았다고 한다. 잣나무는 빨리 자라 산소 주변에 그늘을 크게 만들어 잔디 생육에 좋지 않아 부적당한 수종이다.

좌-잣나무 우-소나무

잣나무는 성장속도가 빨라 세력이 거대해져 우리나라 산림을 푸르게 하고 풍성하게 꾸며주는 대표적인 나무이다. 하지만 1988년 처음으로 발견된 소나무재선충이 무서운 속도로 확산되고 있는데 소나무 뿐만 아니라 잣나무도 피해를 입고 있다. 재선충은 번식과 생존능력이 엄청나게 뛰어나 감염되면 소나무나 잣나무를 빠른 시간 안에 말라 죽게 한다. 감염되고 난 뒤에는 별다른 치료제가 없어서 예방하는 방법 밖에 없다. 국립산림과학원이 소나무재선충병에 걸리지 않는 스트로브잣나무를 연구하고 있는데, 외래종이지만 기후 적응력이 뛰어나고 성장속도가 빠르다고 알려졌다.

국수보다 라면

필자는 1984년 첫 조경 현장에 안양천 제방 비탈면에 키 작은 잣나무를 수천 주를 심었다. 권력자의 산에서 캐 나온 잣나무를 심었는데 2-3년이 지나서 거의 다 죽어버렸다. 이듬해 을지로 입구 장교동 재개발사업에서는 5m가 넘는 큰 잣나무를 전정도 하지 않은 채 우람한 수형을 유지한 채 식재했다. 잣나무는 산에서 자연 상태로 자랄 때는 잘 크고 모양도 좋다. 하지만 도심지역 더구나 인공지반 위에 식재한 잣나무는 당연히 수세가 약해질 수 밖에 없다. 몇 년후 지나가

다 보니 공해물질을 잎에 가득 담은 채 목숨만 부지하고 있었다. 빌딩 그늘에서 서서히 침엽도 적어지고 성장을 멈춘 채 앙상한 수형으로 서있었다. 나중에 심은 근육질의 소나무는 활착하고 난 뒤 푸르름을 뽐내는데, 잣나무는 회복하기 어려운 지경이다. 이런 현상은 남부지방의 공원이나 아파트에서도 벌어진다. 잣나무는 중부지방 북쪽의 해발고도가 높은 장소에서만 잘 자랄 수 있는 것이다.

도심 잣나무 식재(1985년)

도심 잣나무 식재 38년 후

건축법상 조경을 할 때에는 일정 수량의 상록교목을 심어야 한다. 향나무나 카이즈카향나무를 주로 심는데 잣나무, 섬잣나무, 전나무, 서양측백도 같이 심는다. 잣나무는 가격이 싸고 구입하기 쉬워서 1990년 초반까지 도시 녹지에 많이 심었다. 잣나무를 심기만 하면 거의 다 고사해버려서 대체수종을 찾게 되었다. 울릉도가 원산인 섬잣나무(*Pinus parviflora*)는 전정하여 모양을 만들기에 좋은 나무이고 고사 확률도 작은 편이다. 시중에서는 오엽송이라고 부르는데 잎 양면에 넉 줄의 흰 기공조선이 있다. 오래 전부터 조경수로 인기가 많았는데 내한성이 강하나 겨울철 차고 건조한 바람에 약하여 가을에 이식하면, 겨울 동안에 피해를 받아 죽을 수 있다. 토양조건은 물빠짐이 좋은 사질양토가 좋다.

홍천대명콘도 섬잣나무

고속터미널 섬잣나무

북미에서 들여온 스트로브잣나무는 속성수로 가지와 침엽이 치밀하여 주로 방음림으로 식재한다. 침엽은 가늘어서 늘어지고 수피는 검은색으로 매끈한 편인데, 나이 들면 깊이 갈라지기도 한다. 줄기가 곧고 가지가 사방 고르게 나 균형 잡힌 수형을 보여준다. 각종 공해에 강하므로 도시 조경에 적합한 수종이다. 내한성이 강하고 생장속도는 어릴 때는 매우 느리나 커서는 성장속도가 빠른 편이다. 토심이 깊

경춘선 숲길 스트로브잣나무

경계부에 심은 스트로브잣나무

고 기름진 땅을 좋아하지만 건조한 곳에서도 잘 견딘다. 맹아력이 좋아 전정을 하여 마음대로 형태를 꾸밀 수 있다. 성장속도가 빠른 특징을 모르고 옥상이나 건물에 가깝게 있는 녹지에 심었다간 5년 후에 뽑아내야 할 정도로 무성하게 커버린다.

전정한 스트로브잣나무

높은데가 좋다

잣나무는 추위를 잘 견디는 수종으로 해안지방을 제외한 전국 어디서나 자연 상태에서 잘 자란다. 산에 조림후 5~6년이 지나면 다른 소나무류 못지않게 잘 자란다. 비옥한 토양에서 잘 자라지만 건조한 곳에서는 거의 자라지 않으므로 토양수분이 잘 보전되는 북사면이 남향보다는 유리하다. 다만 저지대의 도시지역에서는 활력을 잃을 수 있으니 산림 바로 아래 지역에 한해서 식재하는 것이 좋다.

고등학교 시절 생물 선생님의 인솔 아래 수업은 안 하고 학교 운동장 주변에 잣나무를 심었다. 신설 학교라 학교 조경을 하는데 동원된 것이다. 내 키보다 큰 잣나무를 나르고 심은 다음에, 송진이 손바닥에 묻어 끈적거렸던 기억이 난다. 40여년이 지난 후 모교를 방문해 보니 잘 자라고 있어서 심을 때 추억이 생생하게 났다.

필자는 건설회사 신입사원 시절 용인에 있는 그룹연구소의 조경현장에 근무했다. 자체 건설공사에 돈을 많이 쓰는 걸 싫어한 그룹 총수께서는 연구소 뒷산에서 2m 남짓한 잣나무를 캐다가 심으라고 지시했다. 아무리 따져봐도 잣나무를 사다가 심는 것보다, 뒷산에서 잣나무를 캐서 심는 비용이 더 드는 데도 현장소장은 시키는 대로 하라고 했다. 산에서 캐어 나오면서 뿌리 분이 너덜거려 심어 봐야 죽을 것 같았다. 하필 그런 잣나무를 심고 있는데 총수께서 갑자기 현장 방문을 하였다. 잣나무 상태를 보고 혼 날 것 같아 긴장하고 있는데, 신입사원에게 말을 걸어 왔다. 이렇게 심으면 살 수 있냐는 질문에 "최선을 다해 심어 100% 살리겠습니다." 라고 대답했는데 흘낏 쳐다보시더니 다른 데로 가셨다. 사실은 당신이 시킨대로 산에서 캔 잣나무로 심고 있는지 점검하러 온 것이었다. 나중에 가보니 신기하게도 죽을 것 같았던 잣나무는 거의 다 살아있어서 신입사원의 어깨를 가볍게 해줬다.

양재시민의 숲 잣나무

동백(천리포수목원)

동백나무

Camellia japonica (camellia 冬柏)

코코샤넬의 까멜리아 브로치와 이미자의 동백아가씨

지금도 세계에서 가장 많이 무대에 올려지는 작품인 베르디 오페라 '라 트라비아타(La Traviata)'는 알렉상드르 뒤마 피스의 소설 '동백꽃을 든 여인'이 원작이다. 매력적인 사교계 여인과 한 귀족 청년의 비극적인 사랑을 그린 것으로, 소설 제목은 항상 동백꽃을 꽂고 다녔던 여주인공의 별명이기도 하다. 소설책 표지에는 동백꽃을 든 여주인공이 등장한다. 그 당시 여인들에게 일본에서 건너온 동백꽃은 큰 사랑을 받고 있었다. 일본산 동백나무는 17세기에 유럽으로 전해졌고, 18세기부터 다양한 원예종으로 재배하기 시작했다. 풍성하고 다양한 색으로 피는 겹동백꽃은 우리나라에 자생하고 있는 동백꽃과 전혀 다른 모습이다.

유명한 패션 디자이너인 가브리엘 샤넬은 20세기 들어서면서 활동하기 편하면서도 세련된 디자인 트렌드를 이끌었다. 샤넬이 가장 사랑했던 꽃이 바로 새하얀 까멜리아(겹동백)이

다. 뒤마 피스의 소설 속 여주인공이 순수한 사랑을 증명하기 위해 동백꽃을 옷에 장식한 것을 보고 영감을 얻었다고 한다. 동백꽃 잎이 주는 간결함을 패션 아이콘으로 삼아 모든 패션 디자인에 적용하였다. 샤넬 사후 50년이 지난 오늘 날에도 흰 동백꽃 장식은 많은 여인들이 가지고 싶어 하는 잇템(it item)으로 남아있다.

가수 이미자를 나타내는 대표곡에는 동백아가씨가 있다. '얼마나 울었던가 동백아가씨~ 그리움에 지쳐서 울다가 지쳐서 꽃잎은 빨갛게 멍이 들었소~' 라는 가사로 우리나라 고유의 한을 대중가요로 노래했다. 당연하게도 동백을 붉은 색으로 표현했다. 추사 김정희는 제주 유배 시절 부인에게 보낸 편지에 "동백꽃이 붉게 타오르는 이유는 당신 눈자위처럼 많이 울어서일 것이오" 라고 써보냈다. 평생 고향을 그리워한 세계적인 작곡가 고(故) 윤이상 선생의 베를린 공원묘지에는 통영에 가져간 동백나무 한 그루가 심겨졌다.

동백꽃

진홍색(crimson red) 동백꽃은 강렬한 이미지를 준다. 꽃이 드문 추운 겨울철에 짙은 녹색 잎 사이로 피어나는 새빨간 꽃이기 때문이다. 한이 많은 우리 민족 정서를 잘 어울리는 꽃이라서 많은 시나 노랫말에서 찾을 수 있다. 동백나무는 붉은 색 꽃잎이 반쯤 열린다. 남부지방 섬이나 사찰에서 볼 수 있다. 동백나무 원예종인 겹동백은 꽃잎이 여러 겹으로 피고 꽃색깔과 무늬가 다양

애기동백

애기동백 낙화

하다. 유럽인들에게 사랑받는 꽃으로 시중에서 쉽게 구할 수 있다. 일본 원산인 애기동백나무(*Camellia sasanqua*)는 동백나무와 다른 종류로 겹으로 난 꽃잎이 뒤로 뒤집어지고 질 때 꽃잎이 하나씩 떨어진다. 제주도나 남해안 관광지에서 많이 볼 수 있다.

화려한 꽃잎은 바람에 흩날린다

삭막한 겨울에 실외에서 볼 수 있는 꽃은 동백꽃이 유일하다. 11월부터 꽃을 피우기 시작하는 애기동백은 겨울의 시작을 알린다. 다양한 품종을 심은 곳에서는 11월부터 이듬해 4월까지 쉼 없이 꽃을 볼 수 있다. 제주동백수목원이나 신안동백꽃축제장에서는 잘 가꾼 애기동백나무 숲을 볼 수 있다. 아름다운 경관을 찾아가 인증 사진을 찍기 좋아하는 MZ세대에겐 겨울철에 가보고 싶은 핫플레이스로 인기를 끌고 있다.

애기동백이나 겹동백은 제주 출신 재일교포들이 일본에 살다가 귀국할 때 가져와 심은 경우가 많다. 동백나무보다 잎과 꽃이 작아서 애기동백이라 부른다. 키가 10~15m까지 자라는 동백나무보다 작아서 다 크더라도 5m 이하까지 자란다. 동백나무와 쉽게 구분하는 방법은 땅에 떨어질 때 통꽃으로 떨어지지 않고 꽃잎이 하나씩 흩어져 떨어진다. 꽃모양도 확연히 다른데 동백꽃은 반쯤 닫혀있고, 애기동백이나 겹동백은 겹꽃으로 활짝 피어 뒤로 젖혀져 있는 모습을 보인다.

요사이 조성한 제주도나 남부지방 관광지에 식재한 동백 대부분은 애기동백이나 동백나무를 원예종으로 개발한 겹동백 종류들이다. 애기동백은 강전정을 해도 새 가지가 잘 생겨 모양 잡기도 쉽고 꽃이 더 많이 생겨서 인기가 많다. 꽃 색깔은 분홍색이 많고 흰색과 자주색 등으로 다양하다.

다양한 겹동백 품종

예전에는 생울타리용으로 주로 식재하였는데 요즘은 모양을 만들어 크게 키운 나무를 심는다. 몇 년 전까지 설계도면에 동백나무로 되어 있어도 생산량과 유통가격에서 유리한 애기동백과 겹동백이 현장에 반입된 경우가 많이 있었다. 개화되기 전에는 잎이 비슷하게 보여 동백으로 알고 심기도 한다. 생산 농가 속사정을 알아보니 동백나무는 성장속도가 느려 조경수 상품으로 키우기에 비용이 많이 들어 소량만 키운다고 한다. 식재 후 하자가 많이 발생하는 편이라 현장에서도 기피하는 편이다. 화려한 색깔에다가 꽃이 많이 피는 장점 때문에 차츰 애기동백과 겹동백이 조경공사 현장을 채워나가고 있는 게 현실이다.

소박하지만 단호하다

동백나무는 남해안 지역과 울릉도, 제주도 등지에서 자라는 상록활엽 소교목이다. 겨울에도 잎이 푸르고 꽃이 피어난다고 해서 '동백(冬柏)'이라 부른다. 아시아가 원산지로 중국과 일본에도 분포한다. 따뜻한 곳에서 자라는 나무라 주로 남부지방에서만 볼 수 있다. 12월부터 이듬해 봄까지 꽃을 피우고 추운 겨울에 꽃을 감상할 수 있어서 귀한 꽃으로 대우 받았다. 조선시대에는 한양으로 동백나무를 임금님에게 분화로 진상하라는 기록이 있을 정도이니, 중부지방 사람들에게 동백나무를 키우는 것은 큰 호사였다.

동백은 꽃이 질 때는 시들지 않은 채로 꽃봉오리가 통꽃으로 떨어지는데, 불길한 징조로 여겨 집에서 멀리 심었다고 한다. 많은 열매가 달려 다산을 상징하여 귀하게 대접받았다. 동백열매로 기름을 짜서 머리에 바르면 윤기가 나고 아름답게 보이므로, 오래전부터 아녀자들에게 인기가 많았다고 한다. 그러나 울타리 안에 동백나무를 심으면 도둑이 자주 든다고 믿었다.

동백꽃은 향기는 거의 없다. 겨울에 핀 동백꽃 수정은 벌과 나비가 아닌 동박새가 담당한다. 동박새는 동백꽃의 꿀을 먹는 과정에서 수술 밑으로 부리를 깊게 넣어 이마에 꽃가루를 묻혀 다른 꽃으로 나른다. 동백꽃이 활짝 벌어지지 않고 반 정도만 벌어지는 이유도 수정을 위한 전략이라고 할 수 있다.

통꽃으로 낙화

동박새

남도의 주요 사찰에서는 화재에 유독 강한 동백나무로 방화림을 조성했다. 강진의 백련사, 고창의 선운사, 구례의 화엄사 등지에서는 수천 그루의 동백나무가 사찰건물 주변을 울타리처럼 심겨져 있다. 눈속에서 피어나는 경이로움과 통꽃으로 떨어지는 처연함이 고요한 산사에서 수양하는 스님에게 깨달음을 얻는 데 도움을 주었다고 상상해 본다. 동쪽으로는 울산, 서쪽으로는 서천이 생육 한계선이지만 서울에서도 찬바람을 피하고 따뜻한 장소에서는 꽃을 피울 수 있다.

백련사 동백나무 숲

오래 전부터 살고있는 나무는 소중하다

30년전 쯤 울산지방에 근원경 30cm 규격 동백나무 20주를 심는 공사를 했다. 남해안 동백 자생지인 보성, 해남, 장흥으로 찾아다녔다. 남해안 동백은 키는 작아도 동백꽃이 풍성하게 달려있지만 가격이 비싸서 구입하지 못했다. 결국 제주도로 건너가서 적당한 가격에 구할 수 있었는데 온화한 기후인 제주에서는 동백은 키가 쑥쑥 커서 허우대만 멀쩡하고 꽃도 듬성듬성 달려 수형은 별로였다. 상당한 시간이 지났지만 제주산 동백이 울산에서 잘 적응하고 살고 있는지 궁금하다. 동백숲을 이루고 있는 자생지는 토질과 기후조건이 적당하니까 군락을 이루고 잘 살지만, 조건이 맞지 않는 곳에는 살아가기 어렵다.

동백 겹동백 애기동백

동백나무는 느리게 자라는 특징으로 조경수로 대량생산하기 어렵다. 남부지방에서 구하기 어렵고 기후가 따뜻한 제주도에 대형목이 많이 있다. 공사용 나무로 유통할 경우 뿌리분을 크게 만들어야 한다. 이식이 어려운 나무이며 과습한 토양을 싫어하고 통풍이 잘 되는 시원한 환경이 좋다. 식재시에는 군식이나 열식을 하는 것이 좋다. 중부지방에서는 야외에서 월동이 어려워 대부분 실내 화분에서 키우는데 꽃을 제대로 피우기가 어려운 편이다.

식재한 후 상당한 시간이 흘러야 꽃을 많이 볼 수 있으니, 마음이 조급한 우리나라 사람들이 좋아하기는 어렵다. 오래 전에 심어 놓은 동백나무숲을 잘 가꾸고 보존하는 것이 중요하다. 그렇지만 겹동백이나 애기동백을 심어놓고 동백이라고 이름표를 세우지는 말자.

구상나무

Abies koreana
(Korean fir 朝鮮冷杉)

우리나라에서만 자라는 특산식물

구상나무는 우리나라 특산식물로 한라산 · 지리산 · 덕유산의 정상 부근인 해발 500~2,000m 사이에서 자란다. 주목과는 다르게 '살아 백년, 죽어 백년' 이란 말을 듣는다. 고사한 후에 흰색의 매끈한 줄기로 등산객의 사진 배경을 장식하곤 했다. 잎의 뒷면이 은백색이며 잎 끝부분이 뾰족하지 않아서 어린이가 만져도 될 정도로 부드럽다. 5월경에 피는 꽃의 색깔에 따라 구상, 검구상, 붉은구상, 푸른구상으로 구분한다. 구상나무 어원은 제주사람들이 '쿠살낭'이라고 부르는 것에 따왔다고 한다. '쿠살'은 성게, '낭'은 나무를 가리키는 것으로 구상나무의 잎이 흡사 성게 가시처럼 생겼다는 데에서 유래했다고 한다.

구상나무는 세계에서 가장 인기 있는 크리스마스 장식용 나무이다. 서양에서는 크리스마스 트리를 적당한 크기의 침엽수를 베어다가 집안에 세우고 장식을 한다. 대부분 가문비나 전나무로 만들다가 최근에는 수요의 70%가 구상나무가 차지하고 있다. 구상나무는 곁가지 발달이나 크기가 집안에 설치하는데 안성맞춤이다. 잎의 빛깔도 선명하고 잎끝이 날카롭지 않아서 장식하기에 편하다. 1907년

청와대의 구상나무

구상나무(보라매공원)

프랑스 식물학자가 한라산에서 처음 채집해 서구에 전해졌다. 그 후 유럽에서 구상나무 종자를 개량해 크리스마스트리로 보급하면서 널리 알려졌다. 구상나무는 우리나라 특산식물이지만 개량된 품종을 외국에서 역수입하고 있다.

기후변화로 인한 지구 온난화가 심해지면서 한라산이나 지리산에서 볼 수 있던 구상나무의 서식지는 어느새 소백산과 속리산까지 북상했다. 이와 반대로 한라산과 지리산 지역의 구상나무 군락은 대규모로 집단 고사 현상이 발생하고 있다. 겨울철 쌓인 눈은 구상나무의 뿌리가 얼지 않도록 보온재 역할을 하며, 봄철에 천천히 녹으면서 수분을 지속적으로 공급한다. 생육이 시작되는 봄철에 수분은 나무 뿌리의 활성화 정도를 결정한다. 비교적 따뜻한 겨울이 몇 년 동안 지속되다 보니 구상나무 서식지에 눈이 쌓이지 않게 되었다. 강설량이 빈약한 현상이 수년간 계속되면 구상나무가 집단 고사하는 것이 연구 결과로 밝혀졌다.

구상나무 고사현상

기후변화

전나무속(*Abies*) 나무인 구상나무는 솔방울이 하늘을 쳐다보며 위로 곧추 선다. 태양을 쳐다보고 곧게 자라는 수형은 균형미를 자랑한다. 제주도 한라산에서 구상나무는 바람이 세찬 고산지대라서 줄기에 굵은 가지가 촘촘하게 붙어 있으면서 높게 자라지 않는다. 내륙지방에 있는 구상나무는 밋밋하게 전나무와 같이 크게 자라며, 한라산 구상나무와 달리 가는 가지가 듬성듬성 나 있다. 고산시대에서 자라는 것과 내륙지방에서 자라는 것 사이에 유전적 특성

잎 뒤에 발달한 기공조선

열매

에서 그 차이가 많은 것으로 밝혀졌다. 조경수로는 제주 구상나무가 수형이 더 좋다는 평가를 받는다.

구상나무는 잎 뒤의 흰색 기공조선이 멀리서도 잘 보여서 나무 전체가 은녹색으로 보인다. 어려서는 잎이 앞뒤로 초록색인 전나무와 비슷한 모습이지만 구상나무 특유의 은녹색 잎으로 쉽게 구별할 수 있다. 줄기는 자랄수록 회백색을 띈다. 열매는 원통형으로 처음에는 기하하적인 무늬로 단단하게 뭉쳐있지만, 다 익어 벌어지면 여러개의 조각으로 나눠져 세찬 바람에 실려 멀리 날아가서 새 생명을 싹 틔운다

추운 기후환경에 적응해서 살던 구상나무는 기온의 상승으로 환경이 급변하자 저지대에서 높은 산꼭대기로 쫓겨 올라간 것으로 짐작된다. 이동이 불가능한 식물의 경우 정착한 지역의 기후가 생존의 가장 큰 조건이다. 기후변화에 적응하기 위하여 되도록 넓은 공간에 씨앗을 퍼트려 후손을 남겨서 살아남는 전략을 취해 오랜 시간 동안 명맥을 유지한다.

생물다양성

2022년 겨울에는 유난히 강설량이 적었다. 지리산 천왕봉 부근 구상나무 집단 서식지에는 죽어 넘어진 구상나무가 많이 관찰되었다. 구상나무가 집단으로 고사한 것은 2012년부터 10여년간 계속된 현상이다. 특히 최근 3년간 지리산 집단 서식지에서 구상나무가 상당수 고사했다. 햇빛이 잘 드는 남쪽 경사면에서

고사가 많이 발생했다. 겨울철에도 춥지 않아 이상고온에 시달리고, 특히 강설량이 급감하여 메마른 토양 환경에서 기온이 급속도로 상승하면서 온도에 예민한 구상나무가 고사하기 시작했다는 조사 결과가 나왔다. 일부 등산객은 회백색 수피가 벗겨져 고사한 구상나무 잔해를 배경으로 기념사진을 찍었다. 일반인에게는 구상나무의 대량 고사가 어떤 의미인지 자세히 알려지지 않고 있다.

지리산 구상나무 집단고사 ©한겨레신문

구상나무의 죽음은 단순히 한 식물종의 멸종 위기를 넘어선다. 기후 위기를 벗어나기 위하여 전 세계는 탄소저감에 온 힘을 기울이고 있다. 국제사회는 탄소제로에 못지 않게 '생물다양성'을 핵심 의제로 올려 중요한 국가간의 협력을 요구하고 있다. 하나의 식물종이 사라지게 되면 그와 연결된 미생물과 곤충에게 어떤 악영향을 미칠지 아무도 알 수 없다. 기후변화로 인한 생물종의 멸종은 결국 사람의 생존 환경을 위협하는 엄청난 위기로 번질 것이라고 생태학자들이 경고하고 있다.

국제자연보전연맹(IUCN)은 구상나무를 국제멸종위기적색목록(레드리스트)에 '절멸 가능성이 매우 높은 종'에 등재했다. 한반도에서 호랑이 이후 처음 멸종 경고등이 켜진 생물종이다. 이대로 자생지에서 집단 고사가 진행된다면 몇 십년 뒤 구상나무는 사라질 가능성이 높다. 식물전문가들은 제주도와 남부 고산지대와 관계없이 10년 후에는 구상나무를 볼 수 없을 것으로 경고한다. 겨울철 한반도의 기후변화에 따른 가뭄이 가장 큰 원인이다. 기후변화에 취약한 침엽수는 지구에서 대표적으로 생물다양성 위기에 직면한 식물군이다. 침엽수종의 34%가 '멸종' 또는 '위기'에 직면해 있다고 한다.

과장 광고

구상나무 실생 묘목은 기르기 매우 까다롭고 성장이 느리지만 어느 정도 크면 정돈된 수형을 스스로 갖춰 조경수 가치가 높은 편이다. 어려서는 반그늘을 좋아하며 키가 크면서 햇빛을 많이 필요로 한다. 토양에 습도가 높아야 되고, 거름기가 많은 비옥한 땅에서 잘 자란다. 하지만 조경수 수요가 매우 적어 대량 재배하는 경우 판매하기 어려울 수 있다. 구상나무는 지리산같은 자생지처럼 음지에서도 잘 자라는 편으로 눈이 많이 내리고 여름에는 서늘한 곳을 좋아한다. 여름철 고온에 약하기 때문에 녹지 한가운데서는 살아남기 어렵다.

건조피해를 받아
상부 고사

선유도공원의
구상나무

20여년 전 구상나무 묘목을 심어 몇 년만 키우면 큰 돈을 벌수 있다고 주간지에 실린 광고에 현혹된 사람들이 많이 있었다. 비싼 묘목을 사다가 심어 가꾸었으나 성장속도가 느려 상품성을 갖춘 수형으로 재배하는데 10년 이상 걸렸다. 그 사이 구상나무의 인기는 사그라 들었고, 아무도 조경수로 생산하지 않아 조경설계에서도 빠지게 되었다. 그나마 공원이나 아파트에 식재한 구상나무 또한 기후조건이 맞지 않아서 서서히 고사하여 버렸다.

구상나무 생산

애초에 해발 500m 이상 산지에 살아가는 구상나무를 공해가 심하고 메마른 도시지역에 식재하려고 한 조경기술자들의 무심함이 빚어낸 촌극이었다. 요즘도 구상나무 묘목을 키워 돈 벌어보라고 하는 달콤한 광고가 다양한 매체에 등장한다. 도시지역에 식재하면 불과 몇년 정도 지나서 서서히 말라 죽어가는 모습으로 남을 뿐이다.

독일가문비나무

Picea abies
(Norway spruce)

독일에서 이주하다

유럽 중북부에 널리 분포하는 가문비나무속 침엽수로 유럽에서는 '노르웨이 가문비나무'라고 부른다. 우리나라에는 1920년경에 독일에서 들여와서 '독일가문비'로 이름 지었지만 원산지는 독일이 아닌 노르웨이이다. 기후조건이 맞으면 생장이 매우 빠른 편이지만 조경수로 아파트나 공원에 심는 경우엔 느리게 자라는 편이다. 양수이지만 그늘에서도 비교적 잘 자라며 비옥한 토양을 좋아하고 뿌리가 얕게 발달한다. 굵은 가지에서 새로 나는 가지는 모두 아래로 처진다. 마

독일가문비나무 수형

독일가문비나무(시민의 숲)

치 히말라야시다처럼 가지가 처지는 수형으로 독특한 모습을 보여준다.

원산지인 북유럽이나 알프스처럼 습도가 높고 추운 곳에서 잘 자란다. 수피는 적갈색이며 가지가 사방으로 뻗어나간다. 길쭉하게 생긴 열매는 아래로 처진다. 눈이 많이 오는 지역에서 독일가문비는 잘 자라는데, 가지가 아래로 처지지 않고 위로 향한다면 쌓인 눈에 가지가 부러지고 말 것이다. 살아남기 위한 진화의 결과로 가지가 처진 수형을 가지게 되었다. 가지에 촘촘히 돌려나는 잎은 끝부분이 전나무처럼 뾰족한 바늘형은 아니라서 만져도 찔리지 않는다. 어린 나무는 크리스마스 트리로 쓰며 산림에 조림용으로 심고, 아래로 처진 수형을 이용하여 조경수로 많이 심는다. 위로 곧게 성장하는데 어린 잎 끝에는 뾰족한 침이 있어 동물이 잎을 안 뜯어 먹어 커다랗게 자랄 수 있다.

주로 산림 녹화용으로 심다가 대규모 아파트 건설을 시작하던 1980년대부터 아파트단지에 심기 시작했다. 법에 규정한 상록수 식재 비율을 맞추기 위하여 향나무, 잣나무, 전나무 그리고 섬잣나무 등과 함께 조경수로 식재했다. 이식이 잘 되고 보기 드물게 처진 수형을 가지고 있어서 조경수로 인기가 높은 편이었지만 지금은 다양한 상록수가 도입되어 차츰 사라지고 있다.

북유럽의 독일가문비

낮은 곳으로 내려오다

우리나라에 자생하고 있는 가문비나무는 해발 1,500m 높이 산악지대에서 자란다. 지리산이나 계방산 등 일부 지역에서 찾아볼 수 있는데 기후변화로 인한 한반도 온난화 현상으로 구상나무와 함께 점차 사라지고 있다. 높은 산에서만 살 수 있어서 도시 환경에서는 살기 어렵다. 가문비나무와는 다르게 해발고도가 낮은 곳에서 잘 자라는 독일가문비는 실제 독일에서는 주요 조림

수종으로 흑림에 대규모로 심고 있다.

1930년경 우리나라에 도입하여 덕유산 지역에 시험 조림하였는데, 기후나 토양조건이 잘 맞아 원산지 못지 않게 잘 자랐다. 지금은 덕유산 자연휴양림 속에서 국내 유일 독일가문비 숲으로 만날 수 있다. 독일가문비나무 200주가 30m까지 하늘 높이 자라 원산지인 북유럽 지역에서처럼 크고 굵게 성장한 모습을 보여준다.

덕유산 독일가문비나무 숲

독일가문비나무는 비교적 가벼운 목재지만 조직이 치밀한 편이다. 이러한 특징으로 음악가들이 요구하는 정밀한 소리를 낼 수 있어 여러 악기의 울림판 목재로 이용한다. 소리의 전달성이 좋아 고급 피아노의 울림판은 대부분 독일가문비나무 판재를 사용한다고 한다. 세계 최고로 평가되는 기타, 바이올린, 첼로의 울림판이 모두 천천히 생장하는 고산 지대 독일가문비나무로 만들어졌다고 한다. 세계 최고가를 자랑하는 바이얼린인 스트라디바리는 알프스에서 생산한 독일가문비나무로 만들었다.

열매는 아래로 향한다

잎은 아래로 처진다

흑림(黑林 black forest)을 가득 채우다

독일에서는 18세기 중엽 시기에 산업혁명 여파로 목재 수요가 급격히 늘어나 무분별한 벌목으로 숲 속의 나무가 대량으로 베어졌다. 숲이 사라진 장소에 도로와 철로를 놓아서 도시를 만들었다. 빠르게 사라져가는 숲 때문에 발생하는 심각한 환경재해를 해결하기 위하여 19세기 초부터 대대적인 녹화 사업을 시작했다. 곧고 빠르게 자라고 목재로 활용가치가 높은 침엽수를 집중적으로 심었다. 느리게 자라는 참나무나 너도밤나무 등의 활엽수가 사라지고 독일가문비나무와 전나무가 흑림의 70%를 차지하게 되었다. 100년 넘게 조성한 인공조림인 흑림은 독일의 자부심으로 널리 알려졌다.

빽빽하게 들어선 큰 나무들 때문에 하늘이 보이지 않는다고 해서 흑림이라고 부른다. 독일 서남부 지역 바덴-뷔르템베르그주에 있는 75만ha의 광대한 지역으로, 잘 가꾼 숲을 배경으로농업, 목축업 및 관광업 등이 서로 연결되어 발달해 있기 때문에 근대임업의 모범 사례로 꼽힌다. 그러나 1999년 연말에 몰아닥친 시속 300Km의 강풍이 흑림을 강타했다. 약 20만 그루의 독일가문비나무와 전나무가 뿌리째 뽑히고 넘어지는 막대한 피해가 발생했다. 예상 못한 피해의 원인을 조사해 보니 독일가문비나무와 전나무로 조성한 단순림으로 인하여 토양이 산성으로 변해, 나무 뿌리가 깊이 발달하지 못해 피해가 커졌다는 사실이 밝혀졌다.

흑림

독일이 그동안 세계에 자랑한 인공조림에 대한 근본적인 의문을 가지는 계기가 되어, 다양한 연구를 통하여 활엽수와 침엽수가 어울러 사는 혼효림이 가장 건강한 숲이라는 결론을 얻게 되었다. 교목과 관목 등 다양한 나무들이 공생하면서 다양한 뿌리 발달을 가진 나무들이 어울려 자라는 숲이 가장 건강하고 지속가능하다는 결론을 내리게 되었다. 독일 정부는 200여년 간 이어진 단순림 조성을 포기하고 자연에 맡기는 순응적 관리로 흑림을 복구하는 정책을 추진하고 있다. 인위적인 간섭을 하지 않고 방치한 지역에서 자연천이

과정을 점검하고 있다. 특히 독일가문비나무 훼손지에 활엽수들이 자연적으로 나타났고 독일가문비나무 어린 나무도 함께 자라고 있다.

점차 사라진다

어린 묘목일 때는 생장이 느린 편이나 키가 30cm부터는 빠른 편이다. 묘목일 때에는 강추위에 동해를 입는 경우가 있으나, 어느 정도 성장한 후에는 동해를 입지 않는다. 주로 실생하여 묘목을 생산하는데 노천 매장했다가 봄에 파종하면 발아가 잘 된다. 어린 묘목일 때는 입고병을 주의해야 한다. 이식은 가능하나 활착률이 좋은 편이 못되며 크게 자란 나무를 이식하면 수세가 차차 쇠약해져서 아래쪽 처진 가지가 말라죽어 수형이 불량해지는 편이다.

아래 가지가 말라 죽는다

우리나라 모든 곳에서 살 수 있는데, 큰 키에 비해 뿌리가 깊게 발달하지 않아 바람길을 피해서 식재하는 것이 좋다. 검은색 수피와 달리 목재는 연한 황백색으로 흔히 전나무와 함께 '백목(白木)'이라고 부르기도 한다. 주로 실내 마감장식용으로 이용한다.

유럽에서는 크리스마스 트리용으로 많이 이용한다. 워낙 빠르게 성장하여 관리가 어려우므로 우리나라처럼 조경수로 심는 경우는 드물다. 우리나라 자생 가문비나무는 고산지대에서만 살 수 있어 저지대에서 잘 적응하는 독일가문비나무를 아파트나 공원에 식재한다. 지구온난화 현상으로 2010년대 들어 도시에 식재한 독일가문비조차 정상적인 생육이 어렵다고 한다. 도시 아파트나 공원지역에 상록침엽수인 섬잣나무, 전나무, 독일가문비 등은 식재후 하자발생이 우려되어 최근에는 수입 조경수인 스트로브잣나무, 에메랄드그린 및 블루엔젤 같은 수종으로 대체하고 있다.

전나무

Abies holophylla (fir 檜木)

하늘을 찌르듯이 자란다

전국의 높은 산에서 자라는 한대지방을 대표하는 고산성 침엽 교목이다. 중국 북부, 러시아, 한국 등지에 자생지가 있다. 중부 이북의 높은 산의 능선이나 계곡에서 자란다. 굵은 줄기로 곧게 서 있는 전나무 숲은 산을 찾는 사람들에게 탄성을 절로 나오게 한다. 열매나 겨울눈에서 하얀 액체가 나오는데, 끈끈한 진이 '젖' 같다고 해서 조선시대부터 '젓나무'라고 하던 것이 '젓나무'로 되었다. 한동안 젓나무로 부르다가 지금은 전나무로 이름을 확정지었다.

포천 국립수목원의 전나무 숲

전나무(상도동 아파트)

40m까지 크고 잎은 길이 4㎝ 내외로 뒷면에 흰색 기공선이 있다. 끝은 날카로운 바늘 같아서 손으로 만지면 아플 정도이다. 열매는 원통형으로 하늘을 향해 곧추 서있다.

조림수로 생산하나 곧게 뻗은 수형이 독특하고 아름다워 조경수로 심기도 한다. 비옥한 사질양토에서 잘 자라며 추위에 잘 견딘다. 묘목일 때 생장 속도가 느리고 그 후부터는 생장 속도가 빠르다. 군락을 이뤄 집단으로 모여 사는 특징이 있다. 이웃한 나무끼리 서로 경쟁적으로 성장하면서 줄기가 휘지 않고 위로 뻗는다. 열매가 익은 다음 저절로 땅으로 떨어져 야생상태에서 번식하는 천연갱신 현상을 볼 수 있다.

목재는 백목으로 불릴 정도로 밝은 흰색 계열이다. 재질이 단단하고 곧아 예로부터 사찰이나 궁궐 건축물 기둥으로 널리 쓰였다. 기독교 문화권인 유럽지역에서 크리스마스트리로 많이 쓰인다. 다만 단단한 잎 끝부분이 뾰족해서 장식물로 치장할 때 불편하여 십수년 전부터 부드러운 잎을 가진 우리나라 특산식물인 구상나무로 대체한다고 한다. 나아가 환경보호를 위해 살아있는 전나무를 벌목하여 크리스마스트리로 장식하는 문화가 줄어들고 있다고 한다.

도시녹지의 전나무

낮은 곳에서도 자란다

높은 산림에 사는 가문비나무, 잎갈나무 또는 전나무 가운데 기후 적응력이 가장 뛰어난 전나무가 남부지방에서도 살고 있다. 저지대인 포천 국립

잎 끝 차이(왼쪽-선나무/오른쪽-일본전나무)

수목원뿐만 아니라 용인지역에서도 조림에 성공한 사례를 찾을 수 있다. 전나무가 자라기에 좋은 토양과 미기후 조건이 적당한 지역에 심어 성공한 경우이다. 비교적 온난한 기후인 남부지방에는 일본전나무를 심는다. 일본전나무 잎은 끝이 두갈래 침으로 갈라지는 것으로 쉽게 구별할 수 있다. 음수인 전나무는 적당한 습기가 있고 비옥한 토양에서 잘 자란다. 환경오염이 많은 도시지역에서는 적응하기 어렵다.

중부지방에서 조경수로 식재하여 잘 살고 있는 장소가 여러 군데 있는데, 거름기가 많고 습기가 많은 토양조건을 갖추고 있다. 조경수 용도로 잘 키운 3m 이하 전나무를 뿌리분을 크게 만들어 식재하는 경우에는 잘 적응하여 성장한다. 인공지반이나 토심이 얕은 환경에서는 생존하기 어렵다. 이식후 활착율이 떨어지는 현상은 뿌리분이 불량한 경우가 많다. 전나무는 뿌리 발달이 옆으로 뻗어 이식을 위한 뿌리분을 만들기 어렵다. 3m가 넘는 규격은 뿌리 분을 크게 만들어도 생존율이 상당히 낮아진다. 5m가 넘는 대형목은 서울지역에서 이식하여 살리기 무척 어렵다.

전나무 일부가 고사하고있다

아파트 조경공사시 거실 전면 녹지에 식재하는 경우가 많지만, 몇 년 후에는 겨우 살아있거나 하자가 발생하는 경우가 대부분이다. 지하주차장 구조물 위에 토양을 채워놓은 녹지에 대부분의 조경수를 식재하는 것이 현실이다. 이와 같

인공지반녹지에 식재한 전나무

은 건조한 토양환경과 강한 일조량은 이식한 전나무가 생존하기 부적당한 환경이다. 상록수를 심어야 하는 법적 규정 때문에 일정 수량의 상록수를 식재해야 하지만, 전나무 생리를 모른채 식재하는 경우 살리기 어렵다.

뿌리가 얕아 쉽게 쓰러진다

깊은 산 속에 자리 잡은 사찰 입구에는 오래 전부터 전나무를 많이 심었다. 평창 월정사나 부안 내소사의 전나무 숲이 대표적이다. 햇볕을 가릴 정도로 높게 자란 줄기와 울창한 전나무숲에서 맡을 수 있는 피톤치드 향으로 산림휴양 명소로 자리 잡았다. 그러나 강풍을 동반한 태풍 때문에 커다란 전나무 고목이 쓰러지기도 한다. 2019년 태풍 링링이 지나가면서 신라 말의 대학자인 최치원이 지팡이를 꽂고 간 자리에 싹이 터 자란 '해인사 학사대 전나무'가 쓰러져 버렸다. 이처럼 오래된 전나무의 줄기와 토양이 만나는 부위는 썩어들어가는 경우가 자주 발생한다. 껍질이 벗겨지고 줄기 심재까지 구멍이 뚫리는 현상을 보이면 뿌리채 쓰러질 수 있다. 많은 사람들이 다니는 탐방로는 바람길이 되어 강풍이 불 때 썩은 부위에 충격을 주어 쉽게 쓰러질 수 있으니 평소에 주의깊게 살펴 필요한 조치를 해야한다.

금강산 장안사의 전나무-김윤겸 그림

한라산 국립공원의 구상나무가 집단 고사의 원인이 겨울 가뭄으로 서서히 말라 죽는 현상을 보여준다. 조금 낮은 지역의 전나무는 부러지거나 뿌리채 뽑혀 쓰러지는 현상이 나타나는데, 기후변화로 인한 스트레스가 그 원인이라는 주장이 설득력을 얻는다. 추위와 세찬 바람에 잘 견디는 전나무가 최근 들어 쉽게 부러지는 현상은 생물다양성의 위기 단계에 들어갔다는 경고를 준다는 설명이다. 이처럼 구상나무나 전나무 같은 나무가 기후위기로 남부지방에서 사라질 위기에 처해 있다고 우려를 표했다. 소나무재선충이 갑자기 창궐한 것도 거시적으로 보면 기후변화의 결과로 나타난 것이라는 주장이 설득력을 얻고 있다.

도시에서 살기 쉽지 않다

추위에 강하여 전국 어디서나 월동이 가능하다. 그러나 고온 건조 기후에서는 생육이 부진하며, 서늘하고 다습한 환경에서 잘 자란다. 어릴 때에는 반그늘 또는 그늘진 나무 밑에서도 잘 자라는 음수이다. 생육에 적당한 장소는 토양습도와 공중습도가 높은 곳이다. 비옥한 토양에서 잘 자라며 어려서는 강한 나무 그늘 속에서도 잘 자라는 음수이다. 처음 8년까지는 매우 느리게 자라지만 그 이후에는 생장속도가 빨라진다. 보통 번식은 가을에 열리는 종자를 채종하였다가 2월 중에 모래와 섞어서 노천매장을 하였다가 4월에 흩어 뿌리면 잘 발아한다. 발아한 어린 묘목은 그늘망을 만들어서 음지를 만들어 묘포장에서 4년간 키운다.

2000년대부터 아파트 분양 홍보에 조경이 키워드로 등장했다. 예를 들자면 '유럽식 중앙정원을 만들어 8m 높이의 고급 수종인 대형 전나무 길'을 조성하겠다는 광고 카피가 등장한다. 10여년 전부터 전나무를 전정하여 수형을 만들며 뿌리돌림 해서 키운 전나무라야 이와 같은 전나무길을 만들어 낼 수 있다. 아파트를 짓는 곳은 중부지방 저지대인데 과연 광고 문구처럼 전나무를 심어서 효과를 볼 수 있을지 의문이 든다.

식재환경이 불량한 경우

대기오염 등 공해에 약해 도시내 조경수로 살아남기 어렵고 산림 인근숲이나 진입로에 적당한 수종이다. 미세먼지가 기공을 막아 고사하기 쉬워서 도시 가로수로는 부적당하다. 토심이 깊은 곳에 심어 놓은 전나무들은 튼튼하게 자라고 있는데, 최근에 심은 인공지반 위의 전나무들은 상태가 그리 좋지 않다. 미기후를 감안하여 최적의 환경을 만들어 주면 도시에서도 잘 살 수 있지만 공사 마감 시한에 쫓겨 식재하게 되면 결과가 나쁘게 될 수 있으니 조심해야 한다. 자연 상태에서는 크게 성장할 수 있지만 도시 환경에서는 성장이 더디므로 열식이나 군식 방식으로 적당한 간격으로 식재하는 것이 좋다.

선유도공원의 전나무

전나무 군식(아산중앙병원 입구)

참고 문헌

- 박상진, 〈우리 나무의 세계1, 2〉,김영사, 2018
- 이유미, 〈우리가 정말 알아야 할 우리 나무 100가지〉, 현암사, 2005

인터넷 블로그

- 낙은재 티스토리 https://tnknam.tistory.com

도시나무
오디세이

초판 1쇄 발행 2024년 4월 25일
초판 1쇄 인쇄 2024년 4월 25일

지은이 홍태식
펴낸이 김광규, 김은경
펴낸곳 디자인포스트
편집 김은경, 황윤정 안혜연, 김어진

출판등록 406-3012-000028
주소 경기도 고양시 덕양구 삼원로 83, 1033호(광양프런티어밸리6차)
전화 031-916-9516
E-mail post0036@naver.com
ISBN 979-11-980223-2-5